二十四节气生活美学

韩良露 著

中信出版集团 | 北京

图书在版编目（CIP）数据

二十四节气生活美学/韩良露著. -- 北京：中信出版社，2024.11（2025.3 重印）
ISBN 978-7-5086-7259-5

Ⅰ.①二… Ⅱ.①韩… Ⅲ.①二十四节气－关系－生活－美学 Ⅳ.① B834.3

中国版本图书馆 CIP 数据核字（2017）第 029014 号

本书简体版由有鹿文化事业有限公司授权中国大陆地区
（不包括台湾、香港及其他海外地区）出版
本书中文简体字版由华品文创出版股份有限公司授权
中信出版集团股份有限公司在中国大陆独家出版和发行

二十四节气生活美学

著者： 韩良露
出版发行：中信出版集团股份有限公司
（北京市朝阳区东三环北路 27 号嘉铭中心 邮编 100020）
承印者： 嘉业印刷（天津）有限公司

开本：880mm×1230mm 1/32	印张：12.75	字数：230 千字
版次：2024 年 11 月第 1 版	印次：2025 年 3 月第 3 次印刷	
书号：ISBN 978-7-5086-7259-5		
定价：68.00 元		

版权所有·侵权必究
如有印刷、装订问题，本公司负责调换。
服务热线：400-600-8099
投稿邮箱：author@citicpub.com

献给

与我相伴过好日的夫婿

全斌

Contents 目录

推荐序
二十四节气与韩良露二三事 | 沈宏非 …… 1
菜市场里的良露姐 | 殳俏 …… 5
岁月无惊·江山共老 —— 读良露写节气有感 奚淞 …… 13
日月光华 —— 为良露新书序 | 刘君祖 …… 19

全心推荐
节气的飨宴 | 刘克襄 …… 23
一年打二十四个结，记号 | 王浩一 …… 25

自序
丰美的二十四节气历法 …… 27

前言
节气中的华夏文化符号 …… 33

春

节气1　立春　2月3日 — 2月5日 001

中国人以立春为春天之始，因为中国人懂得阴阳之道、虚实之分、无有之际，中国人感受得到万物正在复苏。《月令七十二候集解》便留下了立春十五日三候"东风解冻""蛰虫始振""鱼陟负冰"，也就是大地虽然看似天寒地冻，但温暖的东风已经开始吹起；地洞中冬眠的虫儿也仿佛听见了东风起床号，开始翻动了身子；冻湖下的鱼儿也开始破冰游出水面。

节气2　雨水　2月18日 — 2月20日 016

雨水时节，虽已入春，天地犹寒，水气旺盛又多风，此时饮食养生要兼顾多重之理。春季虽要补肝，但不宜多服补品，要以天然生长之春物来补肝，因此多吃时令的豌豆苗、荠菜、春笋、香椿为宜。春天吃荠菜饭、香椿豆腐、凉拌春笋、炒豌豆百合等春令菜，不仅饱口福，亦调养身心。

节气3　惊蛰　3月5日 — 3月7日 029

古人观察惊蛰三候现象，《月令七十二候集解》记载"桃始华""仓庚鸣""鹰化为鸠"，意即桃花花芽在严冬时蛰伏，于惊蛰之际开花，仓庚鸟（即黄鹂鸟）开始鸣叫，动物开始求偶，再因为春气温和，连鹰都变得像斑鸠一样温柔了。惊蛰时出现了天地之间极有意思的物候现象，也造成一连串的连锁反应。春雷响，不只是声音而已，也会引发空气中的电子物理化学变化。每一声雷都会让天际产生几万吨的有机氮肥洒落大地，刚好为准备春耕的大地所用……惊蛰是天地为春耕布置的一个舞台。

节气4　春分　3月20日 — 3月22日 ················· 043

春分节气中的农历二月十五日（亦是月圆之夜，许多花会在夜间盛开），在古代正是百花的生日，亦名"花朝节"。《西湖游览志余》中记有"二月十五日为花朝节，盖花朝月夕，世俗恒言"……大部分的春花，都在春分时盛开，过了春分后就相继凋落。春分是花之盛景。

节气5　清明　4月4日 — 4月6日 ··················· 055

"清明时节雨纷纷，路上行人欲断魂。借问酒家何处有，牧童遥指杏花村。"春分之后，百花依序盛开，至清明百花大都开遍，可说是桃杏争艳，清明也成为人们踏青、春游的好日子。古代在清明时有荡秋千及蹴鞠（踢球）的运动风俗，也是让一冬少动的身子，在天气回暖后开始活动筋骨、活络神经。

节气6　谷雨　4月19日 — 4月21日 ················· 070

谷雨期间，农事开始忙碌，采桑、收茶制茶。除了农民辛勤劳作，渔民也会在暮春三月举行祭海活动。两千多年以来，在谷雨节气这天，大陆东海一带的渔会将纸糊龙船焚送于水，谓之"化龙船"，以求海神娘娘保佑出海平安，鱼虾丰收。这个历史悠久的海神娘娘祭，是在宋室南迁后逐渐转变成为闽南妈祖海神信仰的源头呢……许多民俗，或有共同的信仰源头，逐渐演变为地方的风俗，背后仍是人类先民对天、地、海的神秘所衍生的恐惧与敬畏。

夏

节气7　立夏　5月5日 — 5月7日　081

立夏的诗词谚语多和农事有关，例如"立夏，稻仔做老父""立夏得食李，能令颜色美""不饮立夏茶，一夏苦难热"。农人喜立夏，因为作物生长快，农人收成好。但强说愁的文人却称立夏为春尽日，引起许多思绪，例如南宋陆游在《立夏前二日作》中写道：晨起披衣出草堂，轩窗已自喜微凉。余春只有二三日，烂醉恨无千百场。芳草自随征路远，游丝不及客愁长。残红一片无寻处，分付年华与蜜房。

节气8　小满　5月20日 — 5月22日　098

在《月令七十二候集解》中，小满的三候现象为"苦菜秀""靡草死""麦秋至"，意即夏天苦菜盛产，苦菜可清心明目，是解夏热的当令食物；而夏阳充沛，喜阴的各种野草此时开始枯死，要小心引发野火；早收的麦子此时快要可以收割了，小满也象征农人心灵的小小满足。

节气9　芒种　6月5日 — 6月7日　109

芒种已无花可看，却有夏果可吃。台湾有名的杧果都在芒种前后上市，还有荔枝、菠萝、西瓜都是当令水果。芒种时梅子也已结果，但梅子不宜现吃，要酿梅，因此五月酿梅也成为芒种的重要节气活动。

节气10　夏至　6月20日 — 6月22日 ················ 121

古代夏至是大节，除了官方会举行祭夏大典，民间也会大肆庆祝。夏至筵即民间在夏至这一天宴请亲友的筵席，吃的内容有土地上的三鲜苋菜、蚕豆、杏仁；树上的三鲜樱桃、梅子、香椿；水中的三鲜海蜇、鲫鱼、咸鸭蛋。但这么复杂的夏至筵并未流传下来，如今比较常说的夏至饮食是面食。

节气11　小暑　7月6日 — 7月8日 ················ 137

古诗词中吟咏小暑的诗，不少借小暑代表人生中的考验与难关，并以此寓意来砥砺人心，如"不怕南风热，能迎小暑开""小暑金将伏，微凉麦正秋""小暑开鹏翼，新荑长鹭涛"，但小暑天气恐怕真的太热了，诗人词人的灵感怕也热干了，好诗真的不如春秋时多。

节气12　大暑　7月22日 — 7月24日 ··············· 152

在《月令七十二候集解》中，大暑有三候现象："腐草为萤""土润溽暑""大雨时行"。大暑时，萤火虫卵化而出，古人误认为萤火虫是腐草变成的；大暑带来的雨水，会使暑热渐消，早生的秋意到了立秋时就渐渐浮现了。大暑因为是夏日最后一个节气，敏感的诗人在咏大暑时，也容易因季节的过渡而心生感触。古人常以夏季代表生命之盛，是人生的高峰，但秋气一生，人生就往往由盛转衰，因此虽然还身处大暑，却不免已能预知生命的转折变化了。

秋

节气13　立秋　8月7日 — 8月9日 168

不管是凉风、白露还是寒蝉，都是知天地之变的先觉者，反而人类比较后知后觉。宋代的太史官会在立秋前，把原本放在殿外的梧桐盆栽移入殿内，等待立秋时辰一到，就高声宣示秋到了，此时梧桐树就会应声落下一两片叶子，这叫梧桐报秋。

节气14　处暑　8月22日 — 8月24日 185

处暑节气不若立秋之交容易让人伤感，大诗人咏诗较少，但因事关农事，农业诗反而较多，反映的是民间智慧而非文人感怀，如"处暑伏尽秋色美，玉米甜菜要灌水。粮菜后期勤管理，冬麦整地备种肥"。此诗虽粗陋，却见农民心思。

节气15　白露　9月7日 — 9月9日 198

白露花事亦多，蓖麻、蓼科等植物纷纷开花，南方的桂花也在此时处处飘香，白露之秋和清明之春正是一年之中重要的两大花期……在中国江浙一带，白露节气有吃十样白（秋日五色主白）的食俗，十样白即十种以白为前缀的草本植物，如白术、白及、白牛耳、白木槿、白果、白莲子、白百合等，用这些植物熬煮白毛乌骨鸡，据说可以补阳去身体的风湿。

节气16　秋分　9月22日 — 9月24日　　212

中国古代春分与秋分都有春秋大祭,春社大祭以春耕为主,秋社大祭以秋收为主,春社许愿当年风调雨顺收成佳,秋社时还愿谢神明庆秋收……社日要吃社饭喝社酒品社糕,也都和新米入仓的习俗有关:新米煮饭最香,饭上铺着煮熟的猪羊肉、肚、肺;社酒即新米酒;社糕亦是用新米做出来的各种甜米食,米糕上要插五色小旗子代表五行俱足。

节气17　寒露　10月7日 — 10月9日　　231

《月令七十二候集解》记载着寒露三候"鸿雁来宾""雀入大水为蛤""菊有黄华",意即此时在天际可看到大雁排成人字形的阵式,为了避寒向南迁飞;古代的人看到雀鸟在寒露时飞入大海中消失,而海边却出现不少如雀鸟的颜色与条纹的蛤蜊,就以为蛤蜊是雀鸟变的,这其实是古人的误解;寒露之后,秋菊盛开。

节气18　霜降　10月23日 — 10月24日　　246

《月令七十二候集解》中的霜降有三候"豺祭兽""草木黄落""蛰虫咸俯",指的是豺狼将捕获的猎物先陈祭后食用,颇有秋决天祭之意,隐意为万物生死皆有天地秩序;大地除了常春树外的植物的绿叶都遇霜而丧,其中尤以银杏树的黄叶纷纷落下最美;虫在霜降后进入冬蛰,躲在洞中不动不食。

冬

节气19　立冬　11月7日 — 11月8日 ……………… 261

《月令七十二候集解》中记载，立冬三候现象为"水始冰""地始冻""雉入大水为蜃"。在这一节气中，水域开始结冰，土地也开始霜冻，而像野鸡一类的大鸟在立冬后都不见踪影了，但海边却可看到外壳似野鸡的斑纹与色泽的蛤蜊，古人便误以为雉（野鸡）幻化为蜃（蛤蜊）了。

节气20　小雪　11月21日 — 11月23日 ……………… 278

古籍《群芳谱》中记载，"小雪气寒而将雪矣，地寒未甚而雪未大也"，指的是天气寒冷，使得空气中的水汽从雨凝结为雪，但因还不太冷，只见米粒般的小雪。这些雪常是半融化的状态，也就是气象上说的湿雪，有时雪花会夹在雨中，让人分不清是雨还是雪，也有人称之为雪雨。这些新雪像白糖粉般飘飞在空中，煞是好看，提醒人们冬天正加快脚步来到。

节气21　大雪　12月6日 — 12月8日 ……………… 293

大雪在《月令七十二候集解》中有三候现象："鹖旦不鸣""虎始交""荔挺出"，指的是天气冷了，连鹖旦，即寒号虫都不再鸣叫，因大雪时阴气最盛，但阴盛而衰，阳气亦已开始触机。喜阳的老虎感受到阳萌，也开始有了求偶行为。至于荔挺是一种喜阳的兰草，此时因阳气的出现，也抽出了新芽。大雪是古代诗人极喜入诗的节气，因大雪纷飞的情景容易牵动感怀。

节气22 冬至 12月21日 — 12月23日 ·················· 307

由于冬至在古代是一年之始，如今民间仍存有"冬至大过年"之说。冬至是一阳生的日子（夏至刚好相反，是一阴生），《月令七十二候集解》中记载的冬至三候分别是"蚯蚓结""麋角解""水泉动"，指的是蚯蚓会阴曲阳伸，冬至时虽然一阳生，但地底蚯蚓受强盛阴气影响仍然曲结着身体，地上的麋鹿的角开始脱落。古人视角向前伸的鹿为阳性，角向后伸的麋为阴性，由于冬至一阳生，麋感受到阴气渐退而解角，而此时山中的泉水也开始流动了。

节气23 小寒 1月5日 — 1月7日 ·················· 326

三九天中国北方因"小寒大寒，冻成一团"，农作物无法生长，但在中国江南一带，从小寒开始，就来了冬春花期的信息。所谓的"二十四番花信风"，指的是经小寒、大寒、立春、雨水、惊蛰、春分、清明、谷雨八个节气中当令开花时的风。古人会依据节气种花，花期也仿佛节气历般，一看到花开，就知道处于什么样的节气之际。

节气24 大寒 1月19日 — 1月21日 ·················· 339

大寒被认为是一年中最寒冷的时日，会出现全年最低温，连长江流域都可能出现零下二十摄氏度的低温，也是冻土最深的时日。大寒冻土，对农事是好的，因为蛰伏在泥土中冬眠的虫子若天气不够冷就冻不死，来年农作的虫害就多，农谚有"大寒不寒，人马不安"，即为此理。大寒时也不喜见雨雪，因为下雨下雪反而天气不冷，民间亦有"最喜大寒无雨雪，太平冬至贺春来"之说。

推荐序 二十四节气与韩良露二三事

沈宏非

节气为农事而设,农事本质,无非为了口腹。其变化二十有四,本质是温度和湿度。十五年前认识韩良露,就是因为吃喝。一个温度和湿度俱高的人,至于"韩良露"这个名字,望之也似某种入秋后的节气。

与"线性+闭环"的时序相比,人事的本质却是无常,很多事情不可测。比如韩良露那么一个爱吃爱说爱笑、生命力爆棚的大型女人,在膏腴待辟的盛年,竟溘然而逝。

初识韩良露,我在上海办一份美食杂志,经苏州叶放兄介绍,请她赐稿。后来见面,请她在上海"汪姐私房菜"吃饭。

浓油赤酱、稠人广众中，只见她神魄飞动，手足鼓舞，揎拳捋袖，拍凳捶台，婆娑偃仰。更不妨胃口茂盛，壮浪纵恣，呛唪唪唪活脱脱"大笑姑婆"。叶放、汪姐等主场名话痨，惨遭她覆盖式、清场式碾压，竟无一幸免。又如何会想到，生命力这般旺盛，这样元气淋漓的一个人，竟然也会死。

韩良露不是我认识的第一个"口腔型人格"者——此为我自定义，与弗洛伊德所谓"口腔期人格"（oral personality）不同。前者，不仅好吃、吃得多、话多，既多且密，而且说话毫不妨碍进食，反呈互相促进、相得益彰之势。这让我怎么能相信，这样一个大口吃肉大声喧哗的人竟然会无声无息地死去。

除了来稿的先睹为快，在上海和苏州的几场饭局，我和韩良露并不很熟。甲辰出梅，韩良露16岁女文青时代的同志舒国治兄来沪，饭桌上与郑在东老师三言两语略述其生前二三小事，方知种种"小错乱"时见其有涯之生。比如，如此好吃之人，竟然得过为期半年的厌食症，病因不明，在那个时代，"厌食症"对于舒哥辈更是不明而且成谜。

又如，友人皆知她好玄学且好学，曾赴英伦专门研习星座，学而有成，成为朋友圈里公认的"星座大师"，却不意某次当众猜某人星座，连猜十一次而不中。这个概率，即便在星座门外汉亦属十万分罕见。

想起来了，难怪在上海饭局之上，有人请教星座，她顾左右而语焉不详。当时还以为高深莫测，天机不可泄露，肃然起敬。

从舒哥那里得知，其父是南通人，母系台南，方才恍然大悟，难怪从第一眼就觉得其身形和动静，或有某种蒙古样子。

当初惊悉噩耗，一直不敢置信，惊大于哀，以致失语至今。舒哥未游沪久矣，此来，偏值出版社嘱我就本书写几句，不得不怀疑，此行莫非她冥冥之中有所安排？也罢，悼亡文、序文就此一发合并。

天有不测风云，人有旦夕祸福。彼苍者天，三日好了，两日恼了，不可不信又不可全信，尤其在全球气候异常之今日。然而，即便天道频频脱序，却仍不失为我等喑醢之物一个叙事"抓手"，连番盈虚生杀里续命的二十四把稻草，过日子的二十四个盼头——其实，盼不盼的，节气非人愿所遂，更无所谓希望。所谓小确幸，也可以是小确不幸。人生无常，大肠包小肠——这个应该是她爱吃的吧。

《二十四节气生活美学》是韩良露生前所遗之笔歌墨舞。其文辞章句、气韵态度，笔下同一般无情草木有情众生，却不让《遵生八笺》及《闲情偶寄》等古人同类著述专美于前。唯愿在她的天堂里，宴无歹宴，日日是好日。当然，居高临下，看星座更是百发百中。

推荐序

菜市场里的良露姐

殳俏

2016年，我站在荷兰鹿特丹的某个轻轨车站，双手握紧一只皮编的菜篮子，伸头张望着每一班到站的车辆。终于，下车的人群中出现了那个小个子大气场的女人，就是我等了半天的韩良忆女士。两人目光相接，她立马挥动手臂喊我名字，那种热烈的情绪让四周长腿白肤、表情凝固的荷兰人都不自觉地对她撤退了一点点，在她周身形成了温热的能量环。她穿着一身红衣，拎着大花包，蹦跳着朝我走来，我们拥抱，嘴里不知道说着什么前言不搭后语的寒暄，那一刻我感觉和她是真的亲人。在偌大的陌生的鹿特丹相见，东方人异乡遇故知的感觉，就是一种"今日我们只得彼此"的极端感情，衬得天也格外湛蓝，宜敞开心扉。

那一年，我想要做一部关于菜市场的纪录片，最早启发我想要以菜市场为主题做拍摄的人便是韩良忆女士，而把我介绍过去的则是她的亲姐姐韩良露女士。她们是华人文学世界中一对我最羡慕的姐妹：姐姐良露体形健硕、脸庞红润、笑声响亮，一看便知懂吃懂喝懂享受，且是心胸开阔之人；妹妹良忆身形娇小，声音尖尖脆脆的，女人味和书生气集于一身，还很喜欢搞怪开玩笑。

我已经忘记了是哪年哪月认识的良露姐，只记得那一日是在上海，和一堆人约了去吃新华路的"金锚"，良露姐和先生朱利安一起先坐下，我看都没看，冒失地往他们对面某把椅子上一屁股坐下去，发现上面是一堆之前客人打翻在椅的花雕鸡，裤子上立刻油腻腻湿乎乎的一片。我大惊失色，没来由地先觉得自己有点失礼，立即去洗手间洗弄一番，又拿了条服务员给我应急用的制服裤子，穿得不伦不类地再回到桌上去。此时饭局已经开展了一半，菜吃得七七八八，大家也都聊得热络，可良露姐坚持要等我回来再上最大的一道菜，我心有感激，没想到菜上来还是花雕鸡，这就是此处最招牌的菜式。只记得良露姐说着俏皮话安慰我：

"你要认真吃这一道，才可报之前一箭之仇。"

在此之前，我已经看了很多年良露女士的文章，多数写吃喝旅行和她在伦敦的生活。最喜欢的是《狗日子·猫时间》，由她先生朱利安配上拙朴的小插图，伴着读起来松弛惬意的文字，里面描绘的生活，几乎就是我理想的两人世界的样子：夫妻两人都没什么大野心，但都对美好事物有着细腻的感受，是以能吃到一起，散步到一起，规律地一起采买生活必需品，偶尔看出舞台剧，周末下下馆子，晚上或看电视或读报。

读多了良露女士的作品，了解到她虽生于台北，但来自祖籍江苏的知识分子家庭，那种熟悉的江浙家庭温良又板正的气息从她文字里扑面而来。她多次写到，她有关系要好的妹妹良忆，也是一位文字工作者，早年做过电影制片人，后来做翻译也写杂文，大多数时间在欧洲居住。比起羡慕她的婚姻生活，有个志同道合的姐妹，可能是我更羡慕的事。在我看来，姐妹是比夫妻更为贯穿一生的扶持，从娘胎出来即知根知底，更别提两人都选择了过一种闲云野鹤般的自在生活，不远不近地一个住英国，一个住荷兰。所以，认识良露姐之后不久，我就拜托她把良忆姐也介绍给了我。

但在2016年5月的鹿特丹，此刻距离良露姐去世已有一年多，我的纪录片本想同时邀请到姐妹两人，和我一起逛逛荷兰最出名也是全世界最大的室内菜市场，但车站上只等来了良忆姐一人。我握着良忆姐的手叨叨着，忽然想起今年元旦喝得大醉，给她发微信祝福，却情不自禁打字道：

"良露姐，新年快乐，万事如意。"

她回我说：

"打错一个字也没关系，我一样明白你的意思，也祝你一切如意。"

我和良忆姐一起住进菜市场楼上的公寓，这算是我的梦想之一。其实我童年的某个家的楼下就是一大片菜市场，至今还能记得每天路过菜市场去上学的情景：早晨的市场鲜活艳丽，公鸡在打鸣，鸭子在木桶边拍打翅膀，惊到了桶里的鱼，蔬菜蓬勃旺盛地垒成一堆一堆；放学回家，傍晚的市场又是一幅闲适安逸的图景，菜农和摊主们不紧不慢地收着自己的东西，鸡笼里的活鸡闭上眼睛，可能在欣慰自己今日又逃过一劫，鱼盆里只剩水管接过去的自来水还潺潺流着，冲刷着地上的血迹，残存的蔬菜打着蔫，路过熟客的时候，老板会大声问：

"要不要？卖相很差，味道还是很好！"

但荷兰鹿特丹的这家菜市场，完全没有那种纷扰的人世感，倒像是巨大的宇宙能量供给中心，走进雄伟的穹顶下，首先会看到和这座菜市场气息一致的超巨幅壁画《丰饶之角》（*The Horn of Plenty*）。在市场里穿梭的人如此渺小，他们头顶上则是一片蔬菜水果的天堂，此壁画据说占地一万一千平方米，连草间的蚂蚱、甲虫坠下来都足以摧毁十二个人。如果细细观察，这壁画中也有鹿特丹的名胜：经历了"二战"轰炸唯一存留下来的教堂、二十世纪建造的知名摩登建筑、工地上的大吊车挖掘机之类。但在上帝的果园中,给它们留下的空间并不多,是以它们每一个都变得异常乖巧迷你,静静地缩在一颗巨型牛油果旁边或匍匐于一组超大的蚂蚁脚下。确实,宇宙之大,大不过一个苹果,只有食物才提供了源源不断的生命能量。

"鹿特丹人觉得,这个菜市场的壁画就是他们的西斯廷。"良忆姐叹道。

我们走过色彩斑斓、排列得整整齐齐的各种食物,坐电梯抵达我们提前跟爱彼迎租住的公寓,公寓位于整个穹顶的侧面,拥有一个漂亮的阳台,还有最重要的——地面上一扇可以窥视整个菜市场的小窗。每每低头看一会儿,不知为何竟真有种"上帝视角"。丰饶的食物一望无际,小小的人儿在其中挑选着、交易着、享用着。若真有上帝,那可能这是上帝最喜欢看到的人间景象之一。

良忆姐跟我说,原本她住了很多年鹿特丹,一直遗憾这座小城虽优美宜居,但就是缺一个像样的菜市场。原本每两周鹿特丹会有露天市集,但频次再高也得挑时间去,而且鹿特丹本身不算一个多晴的地方,逛着逛着市集不时会被浇一头雨的感受也不怎么好。现在有了这家超级巨型的菜市场,似乎是解决了一切的问题。你可以随时来逛,且不受天气打扰。在这里你受到所有的庇护,也可以用钱买到世界上一切的好食材。所以本来良忆姐和自己的荷兰丈夫都已经准备把大本营迁回台北了，因为这家菜市场的建成，他们又留了下来。

但良露姐会不会喜欢这座宇宙空间站一样的大菜市场呢？也许并不。她的书里详细记述了她喜欢去的菜市场类型：伦敦南部的布里克斯顿市场，是充满加勒比海风情的菜市场，店主会随着雷鬼乐在摊位边起舞，出售腌鱼、芭蕉、面包果甚至猪尾巴；苏荷区的贝里克街市场，从不出售冷冻食品，无论是撒丁岛番茄、非洲阳桃还是西班牙橘子，都是越新鲜越好；伦敦金融城的兰特荷市场，做大餐之前，可以从中寻找刚打下来的猎物，从野鸭到松鸡，从山雉到雷鸟。

良忆姐说：

"但她还是最喜欢诺丁山那家，波托贝洛路边市场最北面的蔬果市场。"

我立刻想到，良露姐曾说过，那里的朝鲜蓟最为价廉物美。"马莎"超市里要卖一个半英镑的，那边一颗只要70便士。所以她会买上半打，回家蒸一下，蘸黄油汁吃。

"说到黄油汁，"良忆姐说，"我做这个sauce最拿手。现在是白芦笋的季节，我们赶快买点上来煮了吃。"

从四面八方涌来的食物香气把我们迅速吸入了人潮，我和良忆姐只瞥了一眼，就发现东南西北四个方向都有在卖白芦笋的摊位，每一个铺子都把拇指粗的水嫩白皙底端嫩黄的芦笋排列成让人无法自拔的整齐队列，既然不知道具体哪家最优，就干脆跟着直觉乱选，总之，我们想做的是，做一顿简简单单的饭，开展一些轻轻松松的回忆。在这样一个瞬间里，我忽然觉得，那些懂生活懂分享的人从不会因肉身的消逝而远离，当你眼见缤纷色彩，当你闻到诱人香气，他们便会如约而至你的记忆，伴随种种美好的生活琐事，让你忘却悲伤和惆怅，只更珍惜即日的明媚风景。

推荐序

岁月无惊·江山共老
—— 读良露写节气有感

奚淞

个把月前，接到韩良露电话。她说即将偕夫婿全斌赴欧洲度假，计划要到中秋前才返回台湾。季节入于酷暑，伉俪二人却如候鸟般鸿飞去欧陆享受凉爽、美食、自然兼文艺，真令人羡慕。

电话线彼端，良露说到她整理多年积存箱底的文稿，已出版《台北回味》《文化小露台》二书，往后还准备推出有关节气的作品集。

"节气？"我一时摸不着头脑。

"就是传统二十四节气，"良露解释道，"中国人以农立国,古老皇历节气主宰数千年农业文明,也深入到人们生活细节……"

良露侃侃从古老天文历法转入传统文化思维,她说:"我在想——孔夫子怎么会修《春秋》而非'夏冬'呢?可能就是因为太阳历中春分与秋分日照均等,合于中庸之道,才成为圣人用以譬喻理想政治的书名罢。再看作为儒家哲学核心的'仁'字,不正是象征着春分秋分均长的两横日影与'人'的结合吗?'天人合一'的理想尽在其中。"

大自然岁时节气与人文哲理互动共生,太有意思了,这便是自称"非典型知识分子"的韩良露灵感飞跃之处,就连我这久住都市之人,也被她引动对节气的兴趣。未久,有鹿文化出版社便寄来良露关于节气的校稿,让我先睹为快。

"立春、雨水、惊蛰、春分、清明、谷雨……"一连串久违了的名词来到眼前,忽然都成了诗情画意。确实,书中节气不只说明季候冷暖、生态现象、人们顺应岁时的饮食、医药、生活习俗,还贯穿多少历代文人诗词。试看在"雨水"节气段落引用的杜甫《春夜喜雨》诗:

> 好雨知时节,当春乃发生。
> 随风潜入夜,润物细无声。

诗中春雨已化为蕴藉人情,可以随顺时序而与天地同寿。

这必然是以农立国、安土重迁的华夏民族历经数千年农耕文明孕育出来的人文风貌。

读良露文稿至"惊蛰",我忆及多年前奇特经历。记得那日正是春困恹恹三月天,忽然平地一声雷,吓得我跳了起来。紧接着,仿佛有小虫在衣内流窜叮咬,害得我到处搔痒。此时转头,刚好瞥见桌上月历,清楚注明当日是"惊蛰",我觉得好笑……即便是躲在重重水泥建筑包裹、玻璃帷幕密封的世界,人只像冬眠小虫。雷声惊好梦,也惊觉到面对大自然,现代科技文明所能给予人类的庇护其实是非常脆弱、不可靠的。

相对于近代化学农药带来水土破坏和粮食污染,良露对"惊蛰"节气的描写很动人:

> 惊蛰常常伴随着这个年度第一次的雷鸣,称之春雷一声鸣……春雷响,不只是声音而已,也会引发空气中的电子物理化学变化,每一声雷都会让天际产生几万吨的有机氮肥洒落大地,刚好为准备春耕的大地所用……从天上洒下自然肥,土中的冬虫也相继破土爬出,这些虫儿等于是大地免费的松土工,不只让自然的肥随之运动而深入土中,也使大地的土质变得更松软。惊蛰是天地为春耕布置的一个舞台,难怪农谚有云:"过了惊蛰节,春耕不停歇。"

"春耕、夏耘、秋收、冬藏。"由华夏民族摇篮——黄河流域地区所发展出依节气而运作的农业，顺天应人，可以七千年而未耗竭地力。然而到了二十世纪中期后，人类工业生产加速飙进，导致环境污染、水土破坏、气候极端化，人类文明严重干扰自然环境，农业也就变成可疑虑的了。再想想"民以食为天"，现代都会人，难道就能够无限制只顾工商利益而践踏农业吗？今日文明的危机其实是很明显的，看二十一世纪人要如何来应对了。

"倾听祖先的脚步声。"这是俞大纲先生爱说的一句话。当年向俞师学诗词时，年轻的我尚不能十分会意。

现在渐渐明白，文化乃是点滴演进的。先祖在漫长奋斗求存乃至与大自然协调的生活实验中，结晶成丰富的智慧。譬如二十四节气，便是先祖上观天文、下看地理，洞烛幽明的智慧累积。圣人由自然迁演而知人情冷暖，孔夫子修《春秋》，教导仁爱礼节。诚如良露所言，岁时节气启导华夏子民天人合一的生命态度。现代人若能静下心来，便能从自然、从人文中体验得到：古圣其实不远。

多年前，我在朋友收藏的古董中，迷上一只酱菜老瓮，忍不住把它搬回家，放置客厅一角，见着总忍不住摩挲几回。浑厚、粗朴，触手仿佛犹带百年前陶匠体温。特别令我感动的，是老瓮散发沉沉幽光的褐釉表面，用白泥塑饰了四个微凸的大字："江·山·共·老"。

乍读只觉温馨，再玩味，便要惊动。

何等的江山？又依据什么样的文化传递，一份顺天应人的情怀得以深入民间，使一介做酱菜的草民也相信岁月安好、生息无尽而得偕江山共老？

把耳朵靠近黝暗瓮口，便仿佛可以听见俞师所说祖先的脚步声了。

这些日子阅读良露的二十四节气文稿，唤起我一份对传统文化的感触。中秋将至，也想对如大雁双双由欧陆归来的良露伉俪说一声："多好的季节，欢迎回家。"

推荐序

日月光华
——为良露新书序

刘君祖

我与韩良露认识早在三十多年前,当时青春年少,辞掉了工程师的职务,自己在丽水街开家名为"星宿海"的书坊交友读书,颇有些"憧憧往来[①]"的梦想。某夜看店,快打烊时良露来逛书店,然后攀谈起来,品评时事人物,还带她上楼参观我们"夏学会"的读书会场。良露健谈也爱谈,陌路相逢的邂逅全无生分之感,凌晨一起豆浆早点,才知她家就在附近。

后来可能还见过几次面,印象有些模糊了。几年后书坊结

[①] 形容人念头不断,思想不定。出自《易·咸》:"憧憧往来,朋从尔思。"

束，我不意闯进出版界历练，少年子弟江湖老。再逢良露已是多年后她返台出书，邀我参加新书发布会，同时应邀推荐的还有胡因梦。良露当时已以星象学及美食出名，故人重逢感受良深，遂又作英式下午茶之约，切磋彼此的专业心得。她指着我的星盘仍是滔滔江水般叙说，而我倾听之余鲜有回应，她恼了："怎么好像跟墙壁讲话？"

再往后就是几年前她主持的南村落活动，在孔庙里学《周易》，在徐州路市长官邸论易卦与干支里的汉字等，于我亦有整理思维教学相长之益。前年深秋，几位在富邦习《易》十多年的老学生招待我们夫妇同游日月潭，名义是庆贺老师六十生辰，岁月悠悠，一则感念一则心惊。当晚在云品酒店顶楼饱览湖山秀色，又与良露伉俪巧遇，旧雨新知招呼笑谈间，我心想三十多年过去，其实我和良露通共仅数面之缘啊！

本书谈二十四节气的生活美学，时值浮嚣之世，细品此书的诗文图片，遥想古人当下即是、日日是好日的渡世情怀，读者当有淡定欢喜。中国自古为阴阳合历，天人阴阳之际的互蕴激荡，变幻多端，又有至简至易之理则存焉。于变易见不易，于不易悟简易，所炼成的太极中的高智思维，让这个民族对天道人事有殊异于其他族类的机敏与豁达。没有真正末世的观点，不需宗教的慈悲救赎，华夏文明浩浩荡荡，虽历千惊万险而始终不绝。孤阴闭陋生吝，亢阳张狂成悔，一阴一阳之谓道，阴阳不测之谓神，阴阳合德方能刚柔有体。今世之人更需善体斯义,而获心安,真生法喜,不忧不惧,坦荡前行。

中国历法又称夏历,夏非夏朝,而是华夏之意。《尚书·尧典》明文记载,尧命羲、和二氏领军制定历法,让民生有所依循,政事顺利推展,当时中国已称华夏,《舜典》中即言"蛮夷猾夏"。许慎的《说文解字》解释夏为中国之人,是明白根源之论。夏朝历法只是延续尧舜时的历法而已,尧舜禅让天下为公,夏朝起改为家天下,大同小康截然易轨,孟子时还有"至于禹而德衰"的批判,可见公道自在人心,不可不辨。

《易经》为群经之首,华夏文化之源,用五十根蓍草分合演算的大衍之数的占法,即由模拟历法而来,《系辞传》中有专章清楚说明。宇宙间天地人时的互动变化,息息相关,丝丝入扣。夏历可精密测定节气物候的变迁,指导人因时养生、顺序工作,易占神机妙算未来发展的大小趋势,亿则屡中[①]亦属当然,实无足怪。

依《易》修行的终极境界称为大人,《文言传》释云:"夫大人者,与天地合其德,与日月合其明,与四时合其序,与鬼神合其吉凶,先天而天弗违,后天而奉天时。天且弗违,而况于人乎?况于鬼神乎?"离卦象征文明的继往开来,《大象传》称:"大人以继明照于四方。"恒卦演示天长地久的不

[①] 形容料事总是能与实际相符。出自《论语·先进》,"亿"通"臆",预料,揣度。

易之理，《象传》称："日月得天而能久照，四时变化而能久成，圣人久于其道而天下化成。"我与良露交遇多年，高兴看到她日新又新，再出新书。《尚书大传·虞夏传》的绝美讴歌："日月光华，旦复旦兮。"尘世中同声相应，同气相求，愿与良露及天下仁人志士互勉之。

谨序于甲午岁运夏历七月

全心推荐 节气的飨宴

刘克襄

在策划南村落的各种文艺活动里,良露把食材风俗、文化历史和自然节气结合,尝试将过往老祖宗对待食物的尊敬,逐一给予新的视野和生命。这一桩转化各种不可能为可能的精致饮食仪式,不仅让我大开眼界,也让我觉得深具挑战性。很高兴自己也曾经参与几回活动,体验这等飨宴的美好。如今她再把这多年持续的活动转化为文字,应该会给读者更多丰厚的启发吧。

全心推荐 一年打二十四个结，记号

王浩一

我曾经大量阅读古人有关节气的诗词，那真是庞大的工程，我却"乐"在其中，看着他们的人生慨喟或是情绪起伏跌宕，在节气当下，情感抒发有特别的能量引发。诗句中描述大地四季的春风秋月，或是夏热冬寒，因为是诗人，他们显得对节气的轮替有着更敏感的感受，或是感动。而好的作品里，总在文字之间多了个人生命的"时间体悟"，那是美的，那是生命里最珍贵的"珍珠"，晶莹而且温润。

研究二十四节气与文化的关系，我已经浸淫十多年了。先从一些老庙门板上的彩绘开始，瘦长对开的侧门或是边门，左右共四片，每个门板底色打红，四季分别画在四个门板上，一季有六个节气，每个节气都有代言的神祇，文官武将，罗刹儒生都有，每尊都神奇地传达了每个节气的特质，你可以不认识惊蛰、处暑、芒种等字义，但是看绘图看神祇的气质，就可以明白现在是何节气，下个节气天候会怎么样，庙旁的老妪都识得，那是不识字老翁的年历，古代，这个节气神明系统真是神奇了……

学问走得久也走得深，更为古人对大地与季节关系的智慧折服，也更加明白这个带有浪漫的二十四节气，其实博大精深，并非仅仅赚得诗人们的几滴清泪而已。它还幽微地告诉人们天地人三者之间的关系，也告诫"人"在天地之间自处的律动。

看了良露的书稿，讶异她的广博知识与生活经验，文字间梳理古人的传承，生活间体认的纤细记录。像是节气的大辞典，又像是文人的四季颂，可是细细咀嚼之后，书香里竟然有饭菜香。我不知她这本书写了多久，但我确信，她每天日子的流动都是在写着这本书，或者在准备中。

良露是杂学家，我也是杂食性的书写者，在写作的这条路径上，我们都非少林派、武当派的传人，不是那些大门派的基本动作者，如果要戏称，应该比较像是古墓派的，而且是弃徒！认识良露多年，每次看着她的著作总能会心一笑，也衷心暗暗叫好。黠慧中有关怀，博学中有自己的思想体系，节气，刚好让她如鱼得水可以畅谈。

而我，在书本外，也能更剀切地在每个节气打上一个结，当是自己生命中有风有雨的记号。

自序

丰美的二十四节气历法

我从小是个好阅读、好杂知的人；父母给的零用钱大多拿去买书，每次买书都是一叠叠地买，什么种类的书都看，从文学、历史、哲学到玄学等等。

早年读杂书，文学、历史较易理解。书看多了，自然会下笔写自己的感想，十五岁起写现代诗、散文；十六岁起写书评、影评、杂文，曾经在十七岁发表过一篇书评，被称为下笔老练不似少女，就跟读书读多了有关，尤其在我们那年代，好读书自然会读老书和古书。

在杂草众多的广泛阅读中，也许是天性使然，和一般知识分子的阅读倾向有所不同之处，在于我会乱读很多的玄书，像中国的紫微、八字、阴阳、五行等书。从二十岁左右我又开始阅读希腊占星学、灵数学、印度占星学、塔罗学等，原本这些阅读都是出于好奇，但在二十四岁时因家中发生经济变故，让我从象牙塔的知识热情走入世间求生存的知识运用。我除了开始阅读大量有实用价值的理财经世之书外，也因感受命运无常而认真地研读起东西方的玄数人生之书。

从千禧年起，我对古老的华夏节气历法产生了极大的兴趣，也发现这是一套可以整合我过去多元知识的系统之学。从天文到地理，从阴阳到五行，从八字到星座，从诗词到《论语》，从时令到食物，从气候到旅行，等等，我在二十四节气知识系统中，发现整套华夏文化和生活的密码，更可贵的是这不只是古老知识，而是至今仍可活用的天地人之学。

二十四节气历法，一直是华夏文明的聚宝盆，其中蕴藏太多的知识宝典，但奇怪的是，虽然每年光台湾出版的上百万册皇历中就有二十四节气的标记，我却发现知识界对节气之学大多知其然不知其所以然。我常常随机问身边知识圈的友朋，问节气是根据什么样的天文历，几乎所有人的回答都是阴历。问为什么，答案都是节气是古老的学问，一定和阴历有关。再问皇历是用什么历法，答案也是一样，以为古老的中国只用阴历，而不知华夏的历法一直是世上独特的阴阳合历（这套学问真应该去申请非物质的世界文化遗产）。二十四节气是地球公转的阳历，天干地支是月亮运行的阴历。

　　大多数人不知二十四节气的天文之理，农人也不再学节气的地象之理，连教唐宋诗词的中文系老师，也少知古典诗人留下了许多应节气而写的诗词，如不懂节气之理会少看懂很多意义的。为什么我们从小到大的教育体系如此忽略博大精深的节气文明学问呢？我只能想到的解释是，要学会节气学说，不能不碰阴阳学、八字学、五行学等知识，而这些玄学一向是正统学界不想碰之学，废百家之学独尊儒学早已深入中国正统知识界，在儒学启蒙时期和百家学说交流的灿烂年代，孔子恐怕都想不到后人会借他的名义压制百家之学。

　　在研究节气理论时，因我非正统知识分子，无传统包袱，可以异想天开（或说忽然领悟）某些道理。我就对孔子为何作《春秋》，而不作"夏冬"，有了自己的理解。孔子作《春秋》，是用周代的新兴天文科学悟得的春分秋分日夜等长之天文现象，延伸成政事之道。所谓天道不仁，天道是不会公平的，天道运行有其日夜等长也有其不等长之道，但仁道却可取春分秋分（仔细看看"仁"这个字，人旁的两横，不正像春分秋分等长的标记）的公平之道而一视同仁。孔子真是浪漫无比的思想家啊！

　　从小学起，我就一直听儒家的仁，但听了一辈子都没搞懂仁到底是什么。仁不是爱，不是慈，不是善，不是义，到底仁是什么？在想到仁会不会是孔子从天文哲学演绎成人君行仁道

（平等）之学后，我买了七八本关于孔子、儒家的书，看看其中究竟有没有人能简单扼要地告诉我仁是什么、什么是仁道。没有一本书提到春分秋分，似乎大家都不能想象孔子也会对天文现象有兴趣。否则他为何要作《春秋》？什么又是春秋大义？是不是平等、中庸之道呢？

多年来一个人默默地研究二十四节气之学，这套知识带给我很多乐趣。喜欢旅行，加上又曾在寒温带气候的英国居住五年多，这让我可以观察到不同于亚热带台湾地区的二十四节气的天气物候现象。因为心中有节气变化，我在宇宙之中一点也不会寂寞，总是可以和天地对话，在同样的节气中读唐宋的节气诗词，更有一种和千古诗人词人同在天地一气的共鸣感。二十四节气也让喜爱食物的我对节令、时令有了更深刻的体会，因为研究节气，我也开始对民俗庆典产生了兴趣。节气不仅关乎农事之学，亦是古代天子行政事的经纬，民间百姓的喜庆丧葬、神明崇拜、生命礼俗、衣食住行等都和二十四节气之道互有关联，民间亦将节气神格化，有的庙宇还会把二十四节气的名词当成门神崇拜。

在过去的七年中，我在南村落的讲堂中，上了近四年的二十四节气生活美学课程，也举办过近百场和二十四节气有关的活动（从清明的润饼文化节到立冬的姜宴，等等）。曾经有位撰写节气旅行的作者告诉我，他就是因为上我的课而对节气产生兴趣。我也很高兴自己抛出去的一些麦籽，让台湾文化圈在过去几年有了小小的节气火花,然而我期待的是更大的华夏节气文艺复兴,于是我整理出过去几年大多早已写好但不曾发表过的文章,以节气文化抒发理论思绪,以节气民俗探讨节庆节日的关联,以节气餐桌演绎食物的时令滋味,以节气旅行传达我在世界各地行走所感受的天地之美,其中又以我觉得最能反映节气美学的京都旅行为主。

《二十四节气生活美学》,对我来说是一本极为特别的书。这本书与其说是写出来的,不如说是生活出来的。书中聚集我杂学数十年的知识热情,也有不少我深信学而不思则罔的独立思考与领悟,更有我在日常生活中的观察与实践,尤其过去七年我从事南村落文化活动,我自己成为最大的受益人,让我能接地气般深入台湾的民俗生活。我很感激这套深入华夏文明的二十四节气历法,让我可以生活得如此丰美,也期望能和大众一起分享丰润的生活,更期望如此丰厚的华夏文明传统能够复兴灿烂!

前言 节气中的华夏文化符号

中国的皇历是阴阳合历,以地球每年绕着太阳公转的黄道,配合着月亮每月绕着地球转的盈亏周期,如同一个金包银的日月历书,同时显现了地球和太阳的日照长短关系与地球和月亮的朔望潮汐关系。

现今世界通行的三大历法,一是从古罗马沿用至今仍为世界主流的太阳历。像日本人本来也用中国的阴阳合历,却因明治时期脱亚入欧,废除了阴历而采用阳历。新的历法并未影响日本人使用二十四节气,因节气历本来就是依太阳历法制定,却大大地扭曲了日本人的传统节庆,例如原本是阴历八月十五日的中秋节，改成了阳历八月十五日，成了没有月圆的中秋，而每年阴历正月初一改成了阳历的一月一日，也见不到一年第一个新月了。

伊斯兰文明，则从穆罕默德时代开始用阴历计算。由于阴历与阳历的时间差异，每年举办的阴历斋戒月都在不同的阳历月份。

在三大历法中，只有华夏文明用的是阴阳合历。这是一套独特的天地历书，从夏代以来就成为中国农民与天子奉行的农事与政事的准则，也因此，皇历又称夏历或农历。华夏子民真应当为之申请世界非物质文化遗产。

皇历中的阳历以二十四节气为中轴。二十四节气标记了地球绕着太阳公转的黄道图中，地球受日照所呈现出的阴阳变化，例如北半球的冬至，指的是北半球日照最短的一天。

依中国的阴阳思想来看，冬至最阴（阳光最少），但阴极而返，一过冬至点，阳光就逐日增加，古人才有"冬至一阳生"之说。

在周代，冬至代表一年之终与一年之始。周代正月大过年是从冬开始，因此周代开始的十二地支记月，才会把冬至的当月（现在的阴历十一月）记为子月。后来汉朝把正月改回夏朝的立春，因今日我们用的皇历即汉朝采用的夏历，也以立春过年，但因子月已经周代的冬至标记，反而现在的阴历正月不能从子月只能从寅月起算。如今民间还有冬至大过年之说，即对远古冬至过年的隐藏记忆。周朝、汉朝选择冬至或立春为一年之始，也反映了两种文明价值：周代重视祭祀礼乐，冬至后农事已终，农民可投入各式礼仪，汉朝则追随夏朝的以立春开始的农事立国。

古人有食俗，冬至吃馄饨（代表天地混沌日光短短），夏至吃长面（代表天地分明日光长长）。由四大节气至八大节气再到二十四节气都有阴阳卦象，亦有五行五色五方五脏五味思想含蕴其间。春季的节气是属木的，主东方色青，代表人体中的肝脏，主酸味；夏季的节气属火，主南方色赤，代表人体中的心脏，主苦味；秋季的节气属金，主西方色白，代表人体中的肺脏，主辛味；冬季的节气属水，主北方色黑，代表人体中的肾脏，主咸味。

在中国五行思想中，金生水，水生木，木生火，火生土，土生金，但四季算下来，夏火生不了秋金反而克金，因此四季之外就有了另一"长夏"属土，主中方色黄，代表人体中的脾脏，主甘味。中方即中原，是五行中最重要的方位。中国的黄帝之所以叫黄帝，或许就是因为代表中原。在闽南和台湾有许多黄姓大族，本家都和五行中的河洛中土有关。

节气不仅和阴阳、五行相关，也和中国人的虚实思想有关。虚是中国人独特的宇宙观，虚当然不是实，但也不等于无，你看不到摸不到，却不等于不存在。在中国的节气中，代表实相的春天是春分，但代表虚状的春天却是立春。中国人有两个春天，先立春再春分，有两个夏天，先立夏再夏至，有两个秋天，先立秋再秋分，有两个冬天，先立冬再冬至。这点和西方人只有一个春夏秋冬，至多只分季节的早中晚的意象区分不同。

何谓虚的春天？最简单的解释就如同中国人把婴儿从受精卵到出生呱呱坠地前的受孕阶段算成虚岁，表示婴儿看不到却不代表不存在（现在的超声波摄影早已看得到婴儿了），西方人所坚持的婴儿落地才算的实岁反而虚实不分。

节气不只是中国人对应天地的季节符号，还包含了中国的阴阳、五行、虚实的核心思想，真是一套既日常又深奥的文化符号，不了解节气，怎能深入了解华夏文化？

中国古代将一年分成二十四个节气，节气是如何计算出来的呢？不少人以为中国的旧历法都和阴历有关，于是以为节气是依据阴历计算。其实中国的历法是世界上独特的阴阳合历，既计算了太阳的周期，也计算到了月亮的运行，不像西方历法只根据太阳周期。

节气是以阳历计算，将地球围绕着太阳公转的途径当成黄道，以三百六十五天五时四十八分四十六秒为一回归年。黄道就像一个钟面一样，二十四节气即代表了钟面上的二十四个刻度，每个节气持续约十五天，每一天约行一度，立春时太阳到达黄经三百一十五度。

二十四节气源自中国古人从天人合一的基础所观察到的四

时现象，古人最早察觉到的是夏至和冬至的现象。夏至是太阳直射在北半球北纬二十三点五度之处，古人发现这一天中午的日影最短，太阳也最早升起，最晚隐没。同理，当冬至时太阳直射在南纬二十三点五度时，北半球中午的日影最长，一天中的日照时间也最少。

中国周代曾把冬至当作一年的开始，一年从阳光最少的时候开始慢慢变化，从无到有，从冬至到阳光最满溢的夏至。这个观念表面上看是从少到多，但却反映了中国阴阳哲学中更深一层含义。冬至表面上是阳光最少的时候，却是阴气极旺、阳气反转之际，冬至代表一阳初生，因此也是一年的开始。虽然从汉代起，中国的年不再以冬至为始，但冬至大过年这样的观念却一直流传了下来。

中国一直到汉代才有二十四节气的观念，之前历经八节的概念，即立春、立夏、立秋、立冬的节分与春分、夏至、秋分、冬至的节中；之后才有观察天气变化的小暑、大暑、处暑、小寒、大寒的节气，与观察气候景象的雨水、谷雨、白露、寒露、霜降、小雪、大雪的节气，以及观察物候现象的惊蛰、清明、小满、芒种节气。

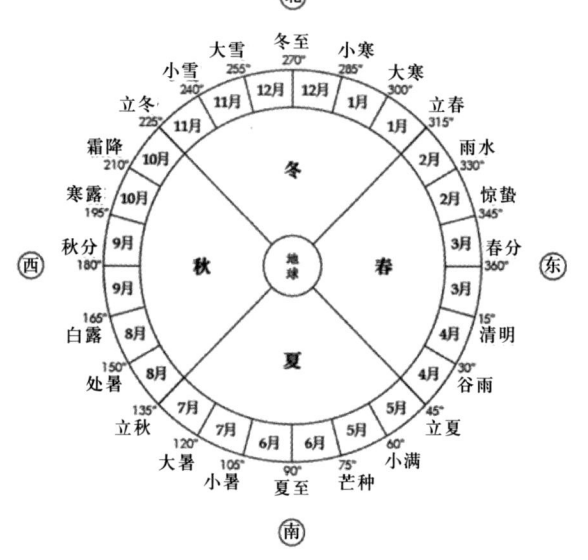

二十四节气与黄道示意图

I 立春

节气

阳历 2月3日 — 2月5日 交节

立春节气文化

西汉《淮南子·天文训》中,定立春为正月节,为一年的开始,时间始于每年阳历的二月三日至二月五日之间,也在太阳运行至黄经三百一十五度时。

西方人一年的开始,也是从春天开始,却是从白羊宫(阳历三月二十日前后)起的春分开始计算,比中国的立春晚了四十五天。

西方人的春天（春分），已是春光明媚鸟语花香的日子，但中国的立春，却常是天寒地冻的日子，就像中国人过阴历新年，明明景象像冬天，却总说在过春节，但何春之有呢？

中国人以立春为春始，和西方人以春分为春始，充分反映了东西方对待生命的思想差异。若举个最浅显的例子来说明，中国人看待春天的开始，比较像生命的受精卵在母亲的子宫中着床。中国人认为春之气立于立春，就像春天的受精卵进入了地球的子宫，但这时候世人是看不到春天的，就像人们也看不到在母亲子宫中受精的生命，虽然无形，只是人眼见不到，并不代表不存在。等到春天的生命在地球子宫中过了四十五天，就像胎儿在母亲子宫中经过怀胎十月后，婴儿呱呱坠地了，世人才看到了婴儿，也像春分时春天真的现身了。

中国人计算年龄，有所谓的虚岁，即在母亲胎中的岁月也得算，但西方人却只把婴儿落地后的日子才当年龄。西方人认为母亲子宫中看不到的婴儿是没有年龄的，但谁都知道母亲怀孕时的状态是会影响到胎儿的，胎儿也会影响母亲，为什么那个胎儿不作数呢？

中国人以立春为春天之始，因为中国人懂得阴阳之道、虚实之分、无有之际，中国人感受得到万物正在复苏。《月令七十二候集解》便留下了立春十五日三候"东风解冻""蛰虫始振""鱼陟负冰"，也就是大地虽然看似天寒地冻，但温暖的东风已经开始吹起；地洞中冬眠的虫儿也仿佛听见了东风起床号,开始翻动了身子;冻湖下的鱼儿也开始破冰游出水面。

中国古代很看重四大节分[①],在立春时,天子要带着三公九卿,到东城门外八里处迎东风,感谢春神降临人间,四十五天后的春分日,再率文武百官到中土地社处祭拜春神。

台南是一个曾受明末遗臣影响的古都,过去每年立春日,都会由市长领市府人员在迎春门(大东门城)举办迎春古礼(此古礼已停办多年了)。除了迎春古礼外,台南人还有打春牛(提醒牛要准备做翻土犁田的春耕工作了)、喝春酒、吃春饼的习俗。台南人立春吃的春饼就是"润饼",沿袭着古代立春吃五辛春盘的传统。

节气和天地变化有关,诗人本来就是最能感应天地之人,也因此中国古代亦盛行咏节气诗,节气诗具有博物记事的功能,从这些古诗中可以看到诗人所记录的自然、气象、祭典、民俗的活动。

唐代诗人杜甫留下了一首《立春》诗:

> 春日春盘细生菜,忽忆两京梅发时。
> 盘出高门行白玉,菜传纤手送青丝。
> 巫峡寒江那对眼,杜陵远客不胜悲。
> 此身未知归定处,呼儿觅纸一题诗。

[①] 立春、立夏、立秋、立冬的前一天。

诗人的敏感，因季节的起始更替，写下了对家国山河变迁与个人身世流荡的感怀与伤悲。在这首诗中，我们也看到吃春盘是在立春节气，和后来清明节气吃春饼之风有所不同。

还有一首唐代诗人曹松的《立春日》诗：

> 春日一杯酒，便吟春日诗。
> 木梢寒未觉，地脉暖先知。
> 鸟啭星沉后，山分雪薄时。
> 宁无剪花手，赠与最芳枝。

这首诗写出了诗人对立春景物的敏感，如地脉知暖，但寒木未觉，又写出了春花未开，犹见芳枝，表明诗人的先觉与孤挺。

立春节气，不只代表季节与自然的一年之始，也代表人与社会活动的开始。立春时有吃五辛春盘的习俗，所谓五辛，即葱、蒜、荞子、兴渠、韭，都是可以帮助身体起阳的食材。所谓出家人不吃五辛，亦是怕身体起阳，但凡人身体讲究阴阳协调，当天地进入三阳开泰，人体也要顺应三阳交合，因此必须多吃春天的起阳食材。

春天最早生长的食物就是春天的野草与蔬菜。春天多吃春蔬，不只是中国人的养生之道，日本人、希腊人、拉丁人（意大利人、西班牙人、法国人等）也都认为春蔬有助于血液的净化，可以排除冬日郁积的浊气（即中国人说的阴气太旺）。

立春节气民俗 | 好好过年

今年春节，给自己订了个约，要好好过一回年。

过年，有这么难吗？很多人都糊里糊涂过了，在家睡大头觉、上网、看小说、看电视、看影碟，东混西混。年，只不过成了个较长的假期，吃过除夕团圆饭后，就不知年假和平常的长假有何不同。

身旁不在台北过年、外出避年的人愈来愈多，去东京、巴黎、悉尼、吴哥窟的人有，过年成了旅行假，所有年节的礼俗都可以免之，尤其年纪稍长的人，不用到处发送红包了。

年，过至此，真是生活的悲凉。所有生活中美好的仪式，都不再为大多数人珍惜，比较起日本人过阳历新年重视年菜料理、年节祭典，我们真是礼失。

今年，远方、近处的家人都要来我家过年，我思量着要过个像样的年。所谓像样，至少要有点儿小时候过年的样子。

首先要准备红纸，农历十二月二十四日写几副春联，不能像住平房在大门口外张贴供路过行人看，至少要贴在公寓门口给对门邻居瞧瞧；还要好好准备年夜饭，从过年前两个礼拜，就不时去逛传统市场，一点一点地买年货，买火腿、家乡肉、腊肉、腊肠、宁波年糕、糖年糕、发菜、竹笙等等；也订定了今年要遵守古礼，年菜从除夕团圆饭要吃到开市。

年夜饭中一定要有十样菜，红萝卜、莲藕、木耳、笋、豆干、香菇、慈姑、黄豆芽、生姜、葱切丝炒好，夹在春饼中来吃，象征十全十美的春盘。

也要准备杭州鱼圆炖汤，吃个团圆意，自己包蛋饺，象征金元宝，取财气。另外，准备一对元蹄和全鱼，既可成双成对，又有头有尾年年有余。

还要做个全家福，有福寿双全的发菜、金丝冬粉、节节高升的竹笋、生生不息的竹笙、如意吉祥的黄豆芽，加上团圆鱼丸与元宝蛋饺。

大年初一当天，要准备个传统的五辛盘，荞子、兴渠、韭、葱、蒜等五辛同煮，有去邪吉祥之意，另外要煮个元宝茶，用红枣桂圆煮糖水，初一大早还没刷牙前先喝一小碗，取一早得贵之意。

今年要在家中备个小时候的果盒，要有代表长生的花生、吉利的橘子、莲子、瓜子、栗子、松子、杏仁等等。

初一还要吃年糕及发糕，祝发达与高升；初二要吃饺子，是吃财神大元宝之意；初三要吃馄饨，吃的是小元宝；初四要吃面，既可绵绵长命又可免除灾难；初五要吃馒头，象征福德圆满；初六迎财神，要吃元宝鲤鱼汤，有利有余，傍晚还要喝财神酒，古代中国人喝的是屠苏酒，现在只有日本人会这么喝了。

今年我打算好好过年，直到初七立春才去京都旅行，家里早买好的寒梅及水仙盆景，那时已开得粉白艳红好不热闹了。

好好过年，是要用点儿心思的，这样的年，也许会留下一点儿特别的回忆，让时光又重回童年的欢喜过年吧！

立春节气餐桌 ｜ 年菜文化生活

立春前后，就是阴历年节之时，这也是为什么过年会称春节。前一阵子传出有的饭店卖的昂贵年菜并非大饭店厨师亲制，而是代工食品，让消费者失望了，觉得花了冤枉钱。其实这些饭店年菜卖的本来就是招牌及食谱，和服饰香水精品从业者找代工是类似之事，消费者买的是面子多于里子，但这件事情刚好让我们来想想年菜这件事。

很多人把年菜当大餐，但年菜不只是大餐，普通一顿大餐可以没有文化意义，但年菜却是中华传统饮食文化中富有节气、节庆内涵的食俗。

年菜起于农业社会中一年之终祭天地送灶神拜祖先的祭品，也是家族团圆的年夜饭，准备的都是有吉祥意义的食物，如什锦如意菜、年年有鱼（余）、鸡（吉）汤、红烧蹄髈（元宝）、发菜（发财）羹等等，都是一些高热量、高胆固醇、高蛋白质的食物，刚好供农业时代一年吃不到多少油水的农民在年终大补之用。

但年菜却不只是除夕的那顿年菜大餐，年菜是贯穿整个春节的料理，这才是年菜文化的精髓所在，年菜文化正可显示出平民丰富的饮食生活的面貌。

在四十几年前，台湾还过着有年菜文化的生活，从正月春节前的阴历腊月（十二月），我还住在新北投温泉路有前后院的平房家里就开始腌肉做腊味，吊挂在檐角风干，年糕则是拿自家的米与糖到北投小镇的农家，由他们用石磨碾米浆加糖再蒸成甜粿年糕。父母会带着我们上街买南北货，除了自己用，也会准备一些送长辈亲友的，因此从腊月起，亲友就会互相走动，爸妈给陆家奶奶送去红枣、莲子、桂圆，夏伯伯送自家制的香肠来。随着年节近了，家里的厨房也愈来愈忙碌，要自己制好守夜用的甜酒酿，露天用柴火炉灶熏鸡、熏鱼，厨房旁的水缸养了几条活鱼吐沙，耐摆耐放的大白菜、白萝卜、胡萝卜、芥菜（长命菜）等堆成一堆。家里每天都有不同的香味飘荡着，我们这些小孩子随时跑进厨房去偷吃，卤成一大锅的五香豆腐干、海带、鸡翅、鸡腿、牛腱、牛肚用容器分批装好放在冰箱中，供过年期间当零食吃。什锦如意菜要花上一整天炒好、晾冷，除了供自家用一整个春节，还要分送邻居亲友。

到了年夜饭那一天，桌上当然是盛宴，但年菜绝非只吃一餐一晚，年菜好吃的味道反而是在后面。年夜饭喝不完的鸡汤，第二、三天加香肠、芥菜、切片的宁波年糕煮成杂煮年糕汤往往更好吃，吃剩的蹄髈肉加白萝卜熬更入味，年年有余剩下的鱼做成鱼冻蘸老醋吃,天天吃都吃不腻的什锦如意菜可配白粥吃,吃剩下的腊肉炒大白菜又是一餐好菜。

年菜的意义就在杂煮、混搭、变换出不同的料理,是家庭厨艺的美好表现,懂得用吃剩下的好料搭配常见的食材再创精华,是年夜饭的高潮后平民百姓过普通日子的智慧。不管年夜饭多丰富,大年初一北方人想吃的只是简单的饺子,南方人则是炒年糕、煮年糕,客家人吃粄条、闽南人吃粿条。

今年家中准备了什么样的年菜?最重要的是要懂得年菜不只是年夜饭而已,花点儿心思在春节期间,利用年夜饭吃剩的食物下厨来杂煮吧!今年春节,让我们重温有盛有剩又有余的年菜文化生活。

立春节气旅行 | 节分祭除厄

由于立春节气常常适逢春节假期,我与夫婿全斌因之得空出游,寒假较短,不能赴欧畅游,去日本或大陆就成了经常的选项。有一回算了一算,竟然发现在过去三十年间,多达十回在日本过立春,也因此立春前一天的"节分祭",成了我印象最深刻的日本祭典了。

日本像中国古代人,很重视节分。节分指的是季节分隔的时日，每一年季节交替指的是立春、立夏、立秋、立冬，四大节分日即这四节气前一日，如立春若在二月四日，节分日就在二月三日。虽然一年有四大节分日，但立春是一年之始，又是冬季阴藏结束之时，因此立春前的节分日特别受重视。本来古代在四季的节分都会有祭典，时至今日节分祭大都在立春前的节分举办，由于立春节分祭是一年第一个祭典，也成为特别重要的节庆。

我在日本各地参加过几回节分祭，其中印象最深刻的是在京都参加过五回的八坂神社和两回在东京下町根津神社的节分祭。节分祭一定是在神社举行，因为节分祭非佛事，依据的是原始的天地人万物有灵信仰。日本古代的"社"指的是在聚落中心的土地上用一条红绳环绕结界，在中央放置了石头之处，后来天皇被当成神道信仰中的天神崇拜，再结合原始的社信仰，才成为今日的神社。

日本人节分祭典举办之地，一定在当地最重要的神社举行（古代社之所在即当地权力中心），节分祭典有个重要的功能，即"厄除"。在这一天把冬日积聚的阴气全数扫尽，让大地恢复一元复始万象更新的明亮清净。

节分祭会在神社入门的中央大殿上演傩戏。傩戏是中国古代百戏的前身，如今中国云贵一带少数民族仍会举办此种原始祭典。傩戏用来祭神驱鬼，演员（在古代指的是祭师、巫师）会戴上几种鬼怪面具，在舞台上大叫大跳有若歌唱与舞蹈，同时还会洒青红黄白黑的五色豆。五色豆象征天地五行的五色土，五色土有镇邪的作用，人当然无法食用五色土，洒五色豆是让人可以把豆子带回家吃，吃了有除厄之用。豆子亦是春回大地后，土地第一个栽培的植物（豆子可沃田，古代农人会先种豆布田再种五谷）。

记得第一次参加京都的节分祭，站在远处的人根本抢不到五色豆的袋子，但很幸运，我竟然被两包五色豆从天而降砸中，让我和全斌都有豆子可吃了。其实节分祭期间，京都各地和果子铺都会卖五色豆，但当然在神社节分祭取得的才被认为最有神力。

除了吃五色豆外，节分祭当日也有吃"惠方卷"的食俗。惠方卷即日本人平日常吃的太卷，惠方指的是依据阴阳学，用当年天干计算出福德神所在的吉利方向，往惠方的寺社诣拜、在家用惠方卷拜七福神，然后在节分日当天，把惠方卷吃了，就可求到一年的吉利。

我不知道吃惠方卷到底会不会增福，但我平常就很爱吃太卷，节分日时好吃又好运何乐不为？

立春节气诗词

《春情诗》

［南朝］徐陵

风光今旦动，雪色故年残。
薄夜迎新节，当垆却晚寒。
奇香分细雾，石炭捣轻纨。
竹叶裁衣带，梅花奠酒盘。
年芳袖里出，春色黛中安。
欲知迷下蔡，先将过上兰。

《立春日晨起对积雪》

［唐］张九龄

忽对林亭雪，瑶华处处开。
今年迎气始，昨夜伴春回。
玉润窗前竹，花繁院里梅。
东郊斋祭所，应见五神来。

《立春后五日》
[唐]白居易

立春后五日，春态纷婀娜。

白日斜渐长，碧云低欲堕。

残冰坼玉片，新萼排红颗。

遇物尽欣欣，爱春非独我。

迎芳后园立，就暖前檐坐。

还有惆怅心，欲别红炉火。

《雨》
[唐]杜甫

冥冥甲子雨，已度立春时。

轻箑烦相向，纤䌷恐自疑。

烟添才有色，风引更如丝。

直觉巫山暮，兼催宋玉悲。

《立春日游苑迎春》
[唐]李显（中宗）

神皋福地三秦邑，玉台金阙九仙家。

寒光犹恋甘泉树，淑景偏临建始花。

彩蝶黄莺未歌舞，梅香柳色已矜夸。

迎春正启流霞席，暂嘱曦轮勿遽斜。

《立春古律》

[宋]朱淑真

停杯不饮待春来,和气先春动六街。
生菜乍挑宜卷饼,罗幡旋剪称联钗。
休论残腊千重恨,管入新年百事谐。
从此对花并对景,尽拘风月入诗怀。

《立春日郊行》

[宋]范成大

竹拥溪桥麦盖坡,土牛行处亦笙歌。
曲尘欲暗垂垂柳,醅面初明浅浅波。
日满县前春市合,潮平浦口暮帆多。
春来不饮兼无句,奈此金幡彩胜何。

《立春日陪左平章饮散怀旧偶题》

[元]柳贯

江上迎春春日稀,跨鞍真似早朝归。
饮厘梦惜红螺小,沾赐心惊彩燕飞。
沐罢为谁惭镜镊,宴回容我从旌旗。
东风若也勤披拂,莫遣寒梅一点飞。

《立春日车驾诣南郊》

［明］李东阳

暖香和露绕蓬莱,彩仗迎春晓殿开。

北斗旧杓依岁转,南郊佳气隔城来。

云行复道龙随辇,雾散仙坛日满台。

不似汉家还五畤,甘泉谁羡校书才。

2 节气 雨水

阳历 2月18日—2月20日 交节

雨水节气文化

阴历正月中的第二个节气雨水，刚好是太阳运行至黄经三百三十度时，始于阳历二月十八日至二月二十日之间。

雨水在立春东风解冻后，温暖的春风融化了山顶的积雪，空气的湿度增加，降雨的机会也增多了，天降甘霖，正可滋润农田大地。

在中国的五行观念中，春季属木，雨水降下，五行中水生木,春木在立春后大地解冻又加上雨水润泽才得以生长。

古人观察雨水节气,观察到三候现象,《月令七十二候集解》因此留下了雨水十五日三候"獭祭鱼""候雁北""草木萌动"。首先,水獭开始出来活动捕鱼了,把抓到的鱼摆在岸边,有如正在祭拜一样;飞去了南方的大雁此时也开始北返;经雨水滋润的植物开始生长,充满了萌动的韵律。

雨水节气也是古代龙抬头祭雨神的时节,因天上降细雨,古人认为此雨乃天上龙的口水,天龙睡醒了,打了个大呵欠,流下来的口水就成了天降甘霖。

由于早春天气的温度仍低,再加上雨水带来的湿气,虽然有助于农事,但体寒的人却受不了倒春寒的现象,所谓"春寒冻死牛",阳气不够的人此时还要小心春寒伤骨的症状。

古人常说的"春捂",即指春日早寒时要穿得住衣服,不可随便脱衣以免受寒,但也不可穿着过多的衣服,以免身体的内热无法外散。早春最容易感冒,古代的春瘟就以雨水时节最易发生。

雨水前后正值阴历正月十五日的元宵节,也称上元节(一年中第一个月圆之夜),亦是整个正月年节结束的时候。元宵节点灯亦有以火克过多的雨水的用途,有水火相济之理。台南市盐水区在过元宵时会放蜂炮,几千几万支冲天炮一飞冲天,此风俗起于逐春瘟,亦有以火光攻春寒之理。

杜甫曾写过一首节气诗《春夜喜雨》:

> 好雨知时节，当春乃发生。
> 随风潜入夜，润物细无声。
> 野径云俱黑，江船火独明。
> 晓看红湿处，花重锦官城。

好一个润物细无声，早春下的是细雨纷飞，因为新生的嫩芽不容大雨摧残。细雨无声亦是敏感诗人观察自然的心得，也暗指诗人期待花重锦官城处能知遇好雨象征的好人。

雨水节气是重要的农作时节，没有雨水就无法播种，有一首《雨水农业诗》就写道：

> 雨水春雨贵如油，顶凌耙耱防墒流。
> 多积肥料多打粮，精选良种夺丰收。

依据自然农法的农作，要依据时节，节即节气，但很多现代人不遵守节气耕作，过度依赖化肥，不仅坏了自然伦理，更影响了人体的章法。如今生态大乱、自然失调，节气正是人类的警示钟，让人们了解天地的状况。

中国人云饮食有节，不只在说饮食要有节度，亦是在说饮食要依据节气，即所谓的调节。

雨水时节，虽已入春，天地犹寒，水气旺盛又多风，此时饮食养生要兼顾多重之理。春季虽要补肝，但不宜多服补品，要以天然生长之春物来补肝，因此多吃时令的豌豆苗、荠菜、春笋、香椿为宜。春天吃荠菜饭、香椿豆腐、凉拌春笋、炒豌豆百合等春令菜，不仅饱口福，亦调养身心。

除了春蔬当令，正月宜食粥，亦可化解体内水气过旺，像日本人迄今仍有春日食七草粥的传统，春季煲粥，素菜粥最佳，如枸杞菜粥、菠菜粥等等。

雨水有雨庄稼好，大春小春一片宝，天地人三合一，老子所云，"人法地，地法天，天法道，道法自然"。自然是万物生命的最高准则。

过完了立春，雨水的正月前后，时序进入阳历三月，即阴历二月，就进入天地一声雷的惊蛰时节，为什么惊蛰会起春雷呢？其中深藏着大地的物理化学作业。

雨水节气民俗 ｜ 平民的元宵花灯漫步

中华文化的历法很特别，不同于西方文明的太阳历，也不同于伊斯兰文明的月亮历，中华历是日月皆有的阴阳合历，因此华人的节日，既有依据地球绕着太阳公转的黄道所制定的二十四节气的阳历，即每年会落在相同或只差一天的立春、清明、夏至、冬至等节气，也有依据月亮绕着地球转的阴历。阴历的节日以两种形式为主，一是每月的朔望（新月、满月），例如阴历一月一日新月的元旦，阴历八月十五日满月的中秋，另一种是由重复数字所定的节日，如阴历三月初三的上巳节，阴历五月初五的端午节，阴历六月初六的开天门，阴历七月初七的七夕节，阴历九月初九的重阳节，等等。

每年阴历一月十五日的元宵节也是道教的上元节，拜天官大帝，一直是华人文化传统中十分重要的节日，有所谓元宵节小过年之说。从阴历一月一日的元旦到十五日，元宵节是阴历一年中第一个月圆的日子，元宵节吃汤圆之意即庆祝月圆。因为在古代没有电灯的时代，月圆之夜即代表夜间大放光明，因此笃信佛法的汉明帝，在公元一世纪时下令元宵节燃灯以示佛法大明，因而开启了元宵节点灯、提灯、放灯、看灯的风俗。道教亦十分重视正月十五这个日子，定为三元节中拜天官大帝的上元节。

传统上华人过春节，会从元旦一直过到元宵节，宫殿、庙会、百姓人家都会在元宵节张灯结彩来欢庆年节的结束，在农业社会，元宵节过后就要收心准备农事了。

在今天的时代，阴历年节虽然只放几天假，但在华人的心理上，不过元宵节就仿佛正餐吃完了没有甜点一样遗憾，因此过元宵节一直受民间的重视。即使在二十一世纪的今日，每年元宵节不管是地方政府举办的公共灯节或平溪放天灯、盐水放蜂炮等等，一直都是台湾每年重要的民俗庆典。

虽然台湾各地都有大型的元宵灯火活动，却少掉了小型的、小区的、平民的、家家户户的小型花灯娱乐。像我记得三四十年前的家庭都会自己做花灯，供大人小孩在元宵夜提灯在家附近漫步走灯。虽然以前的花灯里放的是蜡烛，小朋友常常笑着提灯出门，但不到二十分钟就哭着回家，因为自己不小心烧掉了灯笼或有顽皮的小孩故意烧坏别人的灯笼。即便如此，元宵节前自制灯笼与元宵夜提灯漫步，都是从前童年有趣的元宵节回忆。

有一回南村落参与了台北市文化局的公共灯节活动，推动小区的花灯漫步生活，在由永康街、青田街、龙泉街一带所聚集的康青龙生活街区，找了近百的店家，由南村落提LED环保灯笼，鼓励店家自绘花灯悬挂在店家门外门内，让市民可以看到小型的手绘灯笼在街巷中闪动，点亮了夜间，也温暖了路人。

另外，南村落也从元宵节前两周开始，举行了五场手绘纸制花灯的活动，先后有两三百人参加，亲手自制了近千个，个个不同，充满创意巧思的美丽灯笼，悬挂在师大路旁的巷弄中与师大路、和平东路交叉口的地下通道里。这些平民版的小型花灯巷弄与花灯隧道，虽然没有大型公共灯节作品那么华丽壮观，却另有一番平民的素朴趣味。

此外，在元宵节晚上，也有超过两百人报名参加南村落的提灯漫步，大家一起出发，手提花灯在康青龙街区游行。我衷心希望，这样的活动会在不缺游行的台北城里成为最美丽的游行，也希望花灯漫步成为城市固定的元宵节庆生活仪式，并为市民累积小小幸福的集体记忆。

雨水节气餐桌 ｜ 我们来谈谈春膳吧！

如果就字面来看，"春膳"指的只是春天的食物。春天时，人的身体进入新的轮回，需要的是可以阴阳交合的食物。世界上许多地方的人都主张春天要多吃野菜，让血液清洁，比方日本人在春天时入山去采山菜，可渍可煮可炸成天妇罗；意大利人春天会准备大量的茴香，水煮后捣成泥状加橄榄油吃，对人体有如猫吃猫薄荷的效果；中国人春天会吃艾草，制成艾草团子、艾草糕、艾草粿，也可让身体净化。

春膳具有四季循环大地新生的神圣意义，在一些信奉天主教的国家中，春膳代表牺牲的祭品。我曾在希腊吃过春日复活节的烤羔羊。那些小小羊儿既是代替人类作为祭神之物的，也象征春分时太阳在黄道的白羊宫。但现在大家都忘了替罪羔羊这一说法了，只会大啖羊肉不亦乐乎。烤羔羊时加入的香草如迷迭香、百里香等，也都具有镇定心神的效果。

春膳亦有让生命回春之意，智利小说家阿连德（Isabel

Allende）写了一本书，大谈吃了会让人春心大动的食物。许多西方人认为吃了会春情发作的食物都和女性身体的形状有关，也都崇尚新鲜，像草莓、豌豆、蚕豆，都是生命之果，能带来生命的活力。西方人的春膳以女性的乳房作为生命的源头，起于女神崇拜的传统。

奇怪的是，中国人认为吃了会回春的食物却大都和男性身体的形状有关，也有一些是干巴巴发皱的东西，像人参、当归、淮山，这些中药材都具有助阳固精的作用，能起阳回春。中国人的春膳特别强调男性的阳具，和东方父权文化的价值观不无关系。对中国人而言，男人回春可比女人重要。东西方的春食真是东西有异、男女有别。

春膳一词，仔细看字，春中有日，膳（异体字为饍）字一拆是食有善，古人造字真是蕴藏智慧。春天时日头回到人间，大地百草回生，都需要日光之善；春膳亦可从自然生态的观点来看，就是要善食，所谓食之有善即依节气而生长的食物，一定符合天地之善，例如春天宜种豆，因此吃各种的豆芽，如黄豆芽、黑豆芽、蚕豆芽、绿豆芽都有利于身体的平衡。春天生长的荠菜、马兰头、枸杞菜、香椿头、蒲公英都是可以清热解毒、滋补肝肾、凉血明目的春之善食。

中国古代江浙一带人家有七草粥的春膳，即用春日七种野菜熬粥，是道家养生的圣品，但不知此食俗后来为什么消失了，反而在保存吴越食风的日本还食春日七草粥。台湾民间最重要的春膳即立春到清明的润饼，亦是源自于唐人春日吃五辛春盘的食俗。在春天时吃葱蒜等五辛加上芽菜、包心菜、豆干丝、蛋丝、肉丝等卷起来的润饼春卷，是最富春天意境的春膳。

雨水节气旅行 | 北野天满宫的梅花祭

日本京都在节分祭之后，另一个重要的祭典，即雨水节气中的"梅花祭"要开始了。梅花祭在北野天满宫举行，当天（阳历二月二十五日）也是被称为日本学问之神的菅原道真的忌日。

我在年轻时去京都旅行，就知道日本人很重视这位日本古代的"孔子"，但他就跟很多中国古代有学问的人一样，说错话得罪了皇帝（日本是天皇）就被流放异乡，菅原道真即死于九州岛流放途中。

后来年纪稍长，才想通日本人特别看重两位悲剧文人，一则菅原道真，二是千利休，并不仅因为他们都是被有权有势的高层害死（千利休被丰臣秀吉赐死），而是因为这两位都代表日本文化"去中扬日"的本土文化价值的确立。菅原道真反对日本再派遣唐使去中国，认为日本不该再追随中国，而要建立本土的文学、文化系统，千利休也主张扬弃茶界对中国茶道与唐碗的崇拜，转而推崇日本茶道的侘寂美学。

二月二十五日左右，常常是我在京都度寒假快结束的时候，我总会用梅花祭为借口多留一两日，而我也的确喜欢梅花更胜樱花。因为梅花盛开的时候常常伴随最后的春雪，雪花飞舞中看红梅、白梅点点，其意境并不亚于看花吹雪的落樱飞舞。

我一生赏花，和梅花最有缘，二十几年来最常在冬日一、二月赴京都，遇上的都是梅开花期。先遇到的是蜡梅一月开，著名的花寺有实光院和北野天满宫。赏梅的人总不如赏樱多，不容易遇到人潮涌动，尤其赏梅似乎较少成群结队、寻欢作乐，反而常见孤身赏梅人，静悄悄地站在梅树下凝望。

梅花开时，亦是京都容易下雪天，梅花附着在残枝上的力道强，不怕风也不怕雪，中国古人多推崇梅，就因为梅的桀骜。雪天赏梅游人更稀落。有一回上伏见区的御香宫神社取香泉水，顺道逛到后方庭园，不期而遇蜡梅雪景，庭园中竟无一人，白雪白梅在天光中闪耀，我立在一丛花海下闻着花香流动，脑中想起了童年常唱的那首歌"雪霁天晴朗，蜡梅处处香……"当年会唱歌，却根本不懂闻花香，如今到了中年，对世间香味愈来愈敏感。世人不爱说嗅花香，而要用闻法的闻来代替嗅，恐怕就是知晓香不仅要用鼻子嗅，更可闻入耳根心肠。

不少京都女人喜欢穿着和服赏花，看多了自然就发现，赏梅人宜着素衣，且要有些年龄的女士立在梅树下最好看。有一回在北野天满宫，遇见一位年约七十岁的优雅仕女，顶着一头梳整成髻的银发，穿着灰底细褐纹的和服，配着满庭的缤纷红梅，真是美丽的晚年和冬梅相辉映。

北野天满宫以梅为主、蜡梅为辅，每年二月是梅期，鸟居的西侧有座梅苑，从二月上旬到三月上旬，整整一个多月会有二千多株的梅树开花，每回在寒凉空气中散步其间，都有种梅香混合着冷空气直入心房之感。

梅花祭当日，上午十时起在北野天满宫本殿会有祭典，但我不爱看祭典，更有兴趣的是从上午十点一直到下午三点举办的露天茶会。此时，刚好是天满宫外五十多种、二千株的梅花盛开之际，会由邻近天满宫的上七轩的艺伎来设茶席，这些年纪稍长的艺伎清艳挺立如梅。

梅花祭茶会中会有红、白两色五瓣梅京果子。这个茶会源起于丰臣秀吉在一五八七年于北野天满宫内举办的北野大茶会。当时千利休和丰臣秀吉还在友好时期，但人生多变，之后千利休也走上了和菅原道真一样的命运。只是如今怀念菅原道真和千利休的人，多过了昔日掌握他人生杀大权者，毕竟人品如梅品，只有永恒的清香。

雨水节气诗词

《江雨有怀郑典设》

［唐］杜甫

春雨暗暗塞峡中，早晚来自楚王宫。

乱波分披已打岸，弱云狼藉不禁风。

宠光蕙叶与多碧，点注桃花舒小红。

谷口子真正忆汝，岸高瀼滑限西东。

《同友生春夜闻雨》

［唐］李咸用

春雨三更洗物华，乱和丝竹响豪家。

滴繁知在长条柳，点重愁看破朵花。

檐静尚疑兼雾细，灯摇应是逐风斜。

此时童叟浑无梦，为喜流膏润谷芽。

《春暮咏怀寄集贤韦起居衮》

［唐］郑谷

寂寂风帘信自垂，杨花笋箨正离披。

长安一夜残春雨，右省三年老拾遗。

坐看群贤争得路，退量孤分且吟诗。

五湖烟网非无意，未去难忘国士知。

《春游湖》

［宋］徐俯

双飞燕子几时回？夹岸桃花蘸水开。

春雨断桥人不渡，小舟撑出柳阴来。

《临安春雨初霁》

［宋］陆游

世味年来薄似纱，谁令骑马客京华。

小楼一夜听春雨，深巷明朝卖杏花。

矮纸斜行闲作草，晴窗细乳戏分茶。

素衣莫起风尘叹，犹及清明可到家。

3 节气 惊蛰

阳历 3月5日 — 3月7日 交节

惊蛰节气文化

　　惊蛰是一年中自立春以来第三个节气，始于阳历三月五日至三月七日之间，此时太阳位于黄经三百四十五度。惊蛰常常伴随着这个年度第一次的雷鸣，称之春雷一声鸣。在中国的传统中，雷是盘古的声音。盘古开天辟地之后，他的呼吸变成了风，声音是雷，口水是雨水。冬天时雷蛰伏冬眠于土中，直到立春雨水时节后，因农民翻土整地，惊醒了雷，春雷破土而出响彻天地，也惊动了冬眠的各种虫儿（如蜈蚣、蝎子、蛇、蚯蚓等等），这正是惊蛰（惊动冬蛰之虫）之名的由来。

古人观察惊蛰三候现象，《月令七十二候集解》记载"桃始华""仓庚鸣""鹰化为鸠"，意即桃花花芽在严冬时蛰伏，于惊蛰之际开花，仓庚鸟（即黄鹂鸟）开始鸣叫，动物开始求偶，再因为春气温和，连鹰都变得像斑鸠一样温柔了。

惊蛰时出现了天地之间极有意思的物候现象，也造成一连串的连锁反应。春雷响，不只是声音而已，也会引发空气中的电子物理化学变化。每一声雷都会让天际产生几万吨的有机氮肥洒落大地，刚好为准备春耕的大地所用。想想老天多周到，古人依节气耕种，就有自然的肥料，这正是自然农法的真义，但现代农人多舍弃此法，过度依赖人工肥料，反而破坏大地的生机。

惊蛰节气除了从天上洒下自然肥，土中的冬虫也相继破土爬出。这些虫儿等于是大地免费的松土工，不只让自然肥随之运动而深入土中，也使大地的土质变得更松软。

惊蛰是天地为春耕布置的一个舞台，难怪农谚有云："过了惊蛰节，春耕不停歇。"

现代人从事农作的人极少，或许很难看到农田中钻出的虫儿，但即使是"都市族"，敏感的人也会发现一年之中家里壁虎、蟑螂最容易出现的时节也是在惊蛰。这时古人的智慧就派上用场了，在家中各处近出水口的地方洒上一些石灰，就可避免虫儿入户横行。

惊蛰时天气回暖，春暖花渐开。这时却也是各种春瘟发作的季节，最常出现的是花粉热，以及各种呼吸道疾病（如气喘、流行性感冒等等），还有一种精神性疾病，即古人谓之的思春病。

冬季虽阴郁，但人体的神经系统、内分泌系统也在低潮，反而不容易作乱，但当惊蛰后，人体的腺体也跟着活跃起来，再加上气候一冷一热多变化，虫动花开带来的心理刺激，使得冬季的郁闷反而倾巢而出，造成某些人的病春。春季好发的精神疾病以相思病居多，如《牡丹亭》中杜丽娘犯的病。

古代中国诗人写下了不少惊蛰的诗，诗人以敏感著称，怎会放过惊蛰这个名称不凡的节气诗作呢？

擅长歌咏自然田园的唐代诗人韦应物在《观田家》诗中写道：

微雨众卉新，一雷惊蛰始。
田家几日闲，耕种从此起。

韦应物描写的是自然现象，但北宋诗人秦观关心的却从自然转入人心，一首《春日》描绘惊蛰：

一夕轻雷落万丝，霁光浮瓦碧参差。

有情芍药含春泪，无力蔷薇卧晓枝。

诗中的"落万丝"下笔甚佳，不仅点出天空打雷时闪电如丝的现象，也把天拟人化了，天丝亦人思，亦情丝万缕，不仅芍药如美人春泪，而无力蔷薇也如同美人倦态。

秦观这首诗写的是惊蛰春情启动的现象。春情若能倾诉发泄而出，也能成一桩佳事，但春情若无处可诉无人可寄时，只能变成病春了。

惊蛰养生之道在于保阴潜阳。从外在适应来看，要小心受外界季节性传染病的影响，如流感、花粉热等等；从内在调理而言，要多食提高人体免疫力的食物与清淡食物。惊蛰时节，人体皮肤腺体发达，青少年容易滋生青春痘，成年人好发湿疹、荨麻疹、水痘等皮肤疾病，此时切忌食用刺激性的食物与酒精。

惊蛰食补不宜补阳气过旺的鸡、羊等，较适合进补的是中性的鸭，有滋阴血、消水肿的功用，也可食鹌鹑，对肝肾虚弱、腰肾无力者很有功效。老人及孕妇应多食银耳鹌鹑蛋甜汤。

惊蛰要小心甲型肝炎的传染，清炖海鳗汤、清炖泥鳅有助于预防肝炎，另体质阴虚内热者，可食苦菜炖猪肉、西红柿汁。如有皮肤问题者，苦菜佛手柑汁、南瓜茅根汁、白萝卜绿豆汁、胡萝卜汁、丝瓜汁都有助于清体内之毒。

惊蛰节气民俗 | 土地公过生日

古传阴历二月二日是土地公生日。土地公即古代社神的民间版本。"社"拆字来看即神圣的土地。古代中国人在上天之外最崇敬的就是大地了。人们会在部落聚集的中心，标示一块土地，或用红绳系之或以石头置之，这块土即"社"。日本人之神社原本无神只有社，如京都的上贺茂神社即可看见红绳系的结界处。人类所谓社会的由来，即从在一块神圣的土地上聚会而来的概念。

从部落到皇权宫廷时代，社也渐渐变成皇土所在，天子会率领三公九卿于夏至、冬至祭社神。这样的国之大社逐渐离普通老百姓远去，老百姓需要与自己亲近的信仰，于是早年社之所在的石头就成了石头公，亦即土地公的本尊。

土地公生日为何在惊蛰左右？惊蛰是大地的起床号，把土地公也叫起床了。人们就选在土地公刚起床时祭拜他。想想这也很合乎道理，刚起床的土地公一定最饿，这时人们提供的食品祭祀一定最有神效。

土地公如今仍是台湾农家最常见的民间信仰，在田埂上、榕树下常见一些不到一半身高的小庙（只有一个小门）。土地公的神格不高，因此庙也不能太大太高（但金瓜石的土地公庙却盖得很大，还有三个门，因当地产黄金，管理黄金的土地公当然可坐大）。但这些土地小庙亲近了土地，对农人而言管管农事也够灵验的了。

刈包和一般小吃不同，是属于可以拜神明的祭典食物。台湾民间有初二、十六祭拜土地公的习俗，称之为做牙。阴历十二月十六日为一年最后一次做牙，也叫尾牙。尾牙这一天各行各业会聚餐，尾牙宴中一定要准备刈包以感谢土地公一年来的照顾。另外，阴历二月二日头牙土地公过生日，也要准备土地公爱吃的刈包。

刈包的历史可追溯到诸葛亮，此公不只是馒头的创始人，传说还是做刈包的始祖，曾经想出把馒头一分为二、夹入卤肥肉，供修建护城河的兵士吃。

台湾的刈包据说是从福州引进的。早年只夹肥肉，后来有五花肉，现在还有只包瘦肉的，但我觉得只包瘦肉不好吃，至少要肥瘦各半才行。现在的店家都已经主随客便，可肥可瘦，还可肥瘦各半或偏肥偏瘦等吃法。

包的卤肉有酱油卤的，也有烫煮的，在台南有家阿松割包是包猪舌头的。刈包中除了卤肉外，还一定要有咸酸菜、花生粉、香菜才是正统的刈包的吃法。

刈包的原名叫作"虎咬猪"，形容两片面皮代表老虎衔住猪肉的形状，意思是指刈包很好吃，才会连老虎都爱吃。刈包因为不好读写（刈包的形状似拜神明时掷筊的刈板），也有不少人直接称为割包或挂包。

刈包的面皮比白馒头细薄和松软，难道是因为土地公公年纪大牙齿不好了才给他吃软绵的面皮？讲究的刈包面皮要用老面发酵，面皮才会软而有嚼劲还有面香。

早期刈包的包一定要在包肉时才刈（割），不像现在很多刈包根本做成两片合起来的形状，因为现割现包，面皮上才会有刀割成不均匀齿状，才会像一副牙口咬住肉的形样。

惊蛰节气餐桌 ｜ 惊蛰食百草

春天是大地回春的季节。中国道家有一套天人合一的思想，认为人的身体和天地的运行一般，有阴阳五行的自然之道。老子曾云："人法地，地法天，天法道，道法自然。"人和自然都依据着共同的法则在运作，人若顺应四时就不容易生病，反之逆天行道，身体和心灵都会陷入危机。

中国古代有"不时不食"之说，即强调吃东西要按照时节。所谓时，即四季春夏秋冬，所谓节，即二十四节气。大地依自然农法种植采收的农作，本来是天地之气提供给人体的最好营养，只可惜在二十世纪中叶第二次世界大战后，现代的化肥农药的过度使用，导致了对大地的毒害与人体的伤害。在二十一世纪的今日，一波又一波的回归自然生态革命的饮食思想，成了新时代的福音。

中国以农立国数千年，一直保存着顺应天时的自然农法的奥义，只是许多珍贵的道理，往往在过去的年代，农民只是一代又一代地照做着，并不需要转换成道理。但如今，许多农作的传统正在慢慢消失，我们必须找出传统中隐藏的道理来唤回大众的知觉了。

例如中国人在三月惊蛰布田时，往往会先种豆，因而才有农谚"春分前好布田，春分后好种豆"之说。这是因为豆子是唯一不会从土壤中吸收养分，反而会留下养分的农作物，种豆等于是先帮大地补身，让土地更有元气之后才进行五谷耕种。

中国人吃豆子、豆浆、豆皮、豆腐、豆干，除了可让人体得到植物性蛋白质养分，同时因种豆不仅不会伤害土壤，还有益于大地，不像以肉食为主的民族，为了畜养牛羊而种植牧草，这往往会造成土地养分大量的流失。

春天时大地百草回生，人类早期只知茹毛饮血，但在神农试百草之后，中国人开始懂得吃草的智慧。《诗经》是中国最早的农业诗，就有"野有蔓草，零露漙兮"的文句。古人发现了各种野草的美味，驯化了其中一些成为农用的家蔬，但人类还是喜爱自然生长的野菜，而春天就是采集野菜的最佳时节。

我曾在早春惊蛰时节去日本东北山形一带旅行，当地不少温泉旅馆在春日都会备有自家采集的山菜料理，把艾草、土当归、油菜花炸成薄衣天妇罗，加上水煮鲜绿的畑菜①拌柴鱼萝卜汁，有时山中旅馆附近有竹林，清晨挖来的朝掘笋配上香椿芽亦是不可多得的佳味。

日本京都虽然以平安王朝立都一千两百年，京都城繁华千年，城内至今却依然保有许多蔬菜种植地。京都人喜欢称呼在京都近郊种的蔬菜为"京野菜"，其实就是对远古吃野菜的一种怀念的心情。

不管是日本或中国台湾的春草春蔬，都有帮助人体回阳回春之效，尤其是五辛春盘，都是道家所云的起阳物，有刺激人体腺体运作的能量，这也是为什么佛门中人不食五辛之故。一般人难以理解五辛明明是素菜，为何不可食。明白了五辛的起阳之效，就懂了为什么出家人吃不得自然界的起阳之物了。

东方人懂得春日食野菜，西方人亦明此理。我在二十多年前第一次去意大利托斯卡纳山城旅行时，就发现当地人春天时会去近郊采集野菜。野生的山芦笋是最受欢迎的野菜，此外露天市集及超市也会卖着各种春天的野菜，如莴苣、西洋芹、茴香等等。托斯卡纳人喜欢把这些春蔬加盐炖煮到烂烂的，浇在也煮成烂泥状的蚕豆泥上，再加入上个冬季刚榨好最新鲜的初榨橄榄油一起吃。当地人相信这种吃法会让身体的血液变干净，这种说法其实就等于中国人说的回春之效！

---

① 日本大叶油菜，京都特色蔬菜之一。

德国南部黑森林一带的人，也从远古流传下来不少食俗，其中亦有一项春日食绿色蔬菜为主的习俗。后来这个习惯和天主教义结合，成了在复活节前圣星期四，即耶稣为前来参加最后晚餐的门徒洗脚的圣星期四这一天，要到森林中采摘九种以上野生蔬菜，其中包括了水芹菜、雏菊叶、金钱薄荷、大车前草、洋蓍草、山萝卜。在德国的传统中，在圣星期四吃这些绿色蔬菜可驱魔，驱魔倒未必是真的，但从民俗食疗的角度来看，这些春天的野菜，肯定对身体的调理有效。

春草、夏瓜、秋果、冬根，植物在大自然中生长，自有其规律。春天从土中冒出最低矮的野菜，迎接着大地初生的能量；夏天大地能量充沛，植物向上生长，从西瓜到丝瓜，愈攀愈高；秋天万物成熟，果实高挂树梢；到了冬日，天地循环告终，萝卜、牛蒡等根茎植物复藏土中。

百草回春，春天要来啰！要多吃春蔬清洁身体喔！

惊蛰节气旅行 ｜ 惊蛰桃花开

惊蛰是大地惊动、野菜（山菜）纷纷萌芽的时际，十几年前我开始在日本东北一带旅行，特别爱上了阿信的故乡山形县（也是电影《送行者》取景之处）。山形是有大山大水的农业县市（日本导演小川绅介纪录片中的古屋敷村、牧野村都在山形县内），也许是年纪大了，从前沉迷于京都京野菜的我，如今却觉得京野菜已过度华美，不如更接近土地的山形之蔬有丰盛的生命力。

以前我在京都会买紫野和久传、美浓幸、花吉兆等料亭名铺包装成袋的"渍蕗薹""渍木の芽""渍菜の花"，吃到了就会有春日的欢喜，但来到了山形，却在原野田地旁看到了各种萌开的山菜，还可以在当地料亭中吃到新鲜的醋拌山菜，才觉得真正吃到了大地的滋味。

我也在山形县看到了三月桃花盛开的情景，想起了惊蛰三候现象中的第一候"桃始华"，也想起了童年常听的那首歌《桃花江是美人窝》。桃花一向代表情缘，人要有桃花才会得情缘。桃花开在惊蛰节气期间，就像《牡丹亭》中的杜丽娘游园，看到桃花开惊动了春情，仿佛大地的身体被惊蛰启动了般，大地开始松动了可以拥抱万物了，人体也想要拥抱另一个身体了。但杜丽娘的情缘时候未到，她还没有桃花，只能等迟开的牡丹。

桃花一开，原野就显得冶艳婀娜起来，我想着"人面桃花"这句话，是多么让人春心大动的情景啊！但桃花在中国文人的花品中地位不高，其实有点委屈了桃花，因为文人尚清高，宜雅不宜俗，桃花像村姑，开在原野上比开在后花园中美，也因此桃花才有放肆的美感，但年轻的春情若不能活泼生动又如何惊动天地呢?

　　有一年三月惊蛰,我在北京郊外坐车往十三陵方向前去,一路上看一大片一大片的桃树开花,农人可不是为了看花种树的,为的是结果,我也悟到了人类的桃花原欲也非为了风流情债,其实是人类的身体有传宗接代的需要。桃花要结成正果,就像惊蛰后的大地为了五谷丰收而准备。

惊蛰节气诗词

《拟古(其三)》

[晋] 陶渊明

仲春遘时雨,始雷发东隅。
众蛰各潜骇,草木纵横舒。
翩翩新来燕,双双入我庐。
先巢故尚在,相将还旧居。
自从分别来,门庭日荒芜。
我心固匪石,君情定何如?

《寄冯著》

[唐] 韦应物

春雷起萌蛰,土壤日已疏。
胡能遭盛明,才俊伏里闾。
偃仰遂真性,所求惟斗储。
披衣出茅屋,盥漱临清渠。
吾道亦自适,退身保玄虚。
幸无职事牵,且览案上书。
亲友各驰骛,谁当访敝庐。
思君在何夕,明月照广除。

《义雀行和朱评事》

[唐] 贾岛

玄鸟雄雌俱,春雷惊蛰余。
口衔黄河泥,空即翔天隅。
一夕皆莫归,晓晓遗众雏。
双雀抱仁义,哺食劳劬劬。
雏既逦迤飞,云间声相呼。
燕雀虽微类,感愧诚不殊。
禽贤难自彰,幸得主人书。

《春雷起蛰》

［宋］庞铸

千梢万叶玉玲珑,枯槁丛边绿转浓。

待得春雷惊蛰起,此中应有葛陂龙。

4 春分 节气

阳历—3月20日—3月22日—交节

立春
雨水
惊蛰
春分

春分节气文化

春分是一年之中第四个节气,始于阳历的三月二十日至三月二十二日之间,此时太阳位于黄经零度(也是黄道十二宫的白羊宫之起始点)。春分时太阳直射在赤道上方,和秋分一样,二者都是南北半球日夜等长的一天。过了这一天之后,阳光直射的位置就逐日向北移动,北半球进入白天长、黑夜短的时日,直到夏至那一天,北半球白昼最长,黑夜最短,之后太阳直射的位置从约北纬二十三点五度的北回归线折返向南移动，冬至时到南回归线，再折返向北，如此循环往复，就形成了季节的推移与四季的变化。

春分也叫春半，意思是从立春至今，春天刚好过了四十五日，正好是春季九十日的一半。但在西方人的历法中，春分却代表春天的开始与冬季的结束。中国人认为，春分以前，地球的子宫早就孕育了春天的胎儿四十五日了，直到春分，地球母亲才把春天的婴儿诞生出来。

在《月令七十二候集解》中，春分节气的三候现象分别是"元鸟至""雷乃发声""始电"，意思是春分时燕子便从南方飞来，下雨时天空开始打雷，闪电也开始出现。

自古以来，春分一直是农事的大日子。农谚有云："春分前好布田，春分后好种豆""春分种菜，大暑摘瓜""春分种麻种豆，秋分种麦种蒜"等等。春分是田间种植的开始，中国聪明的农人为了增加土地的肥力，往往先种植会让土地增加氮肥的豆类。豆类是春季最佳的植物性蛋白质来源，不只对春天需要清洁血液的人体有益，也一举两得地丰富了土地的养分，这正是自然农法的传统智慧。

春分亦是中国古代举行天子祭典活动的重要日子，立春在东边八里的郊外迎春神的天子，在春分时会率文武百官于城之中土办春社大祭。从周代开始，春社大祭就是天子最重要的祭祀活动，在此日，天子会用五色土和五谷向社神（土地神）祭

拜。春分是大日子,当然少不了诗人词人歌咏之,宋代词人朱淑真在《谒金门·春半》写道:

> 春已半,触目此情无限。十二阑干闲倚遍,愁来天不管。
> 好是风和日暖,输与莺莺燕燕。满院落花帘不卷,断肠芳草远。

西方诗人在春分时还在歌咏春天的降临,中国词人竟然已对春天过了一半伤感起来。虽然春花仍盛开,词人却先看到了春天结束时的断肠花草,真是先天下之忧而忧。而"愁来天不管"这句话说得真妙,也自嘲人间情事关天底事。

欧阳修也写过一首有关春分的词《踏莎行》:

> 雨霁风光,春分天气。千花百卉争明媚。画梁新燕一双双,玉笼鹦鹉愁孤睡。
> 薜荔依墙,莓苔满地。青楼几处歌声丽。蓦然旧事上心来,无言敛皱眉山翠。

春分时百花盛开,燕子从南方飞返,如此佳节,诗人反而用孤睡的鹦鹉来形容形单影只者的孤寂难眠,以春分的热闹与内心的清冷对衬。

春分节气中的农历二月十五日（亦是月圆之夜，许多花会在夜间盛开），在古代正是百花的生日，亦名"花朝节"。《西湖游览志余》中记有"二月十五日为花朝节，盖花朝月夕，世俗恒言"。

花朝节时，民间有张挂花神灯的习俗。在透明的油纸上画百花的图案，张结六角形如伞状的花灯，在夜间，各种花灯光辉亮目，如同花神下凡。人们在灯下饮酒夜宴，作诗听曲，一起欢度百花的生日。

大部分的春花，都在春分时盛开，过了春分后就相继凋落。春分是花之盛景，也是花粉热最严重的时节，骚动的百花春意也带给人们最多春情的刺激。

春分时，人体的腺体活跃，血液循环也最旺盛，是一年中情绪最易高涨的时节，这时要小心月经失调、高血压、过敏性疾病的发生。有许多春分盛开的花卉都可能造成呼吸器官与皮肤的过敏，如郁金香、含羞草、夜来香、虞美人、杜鹃花等等。

春分养生，要多进行疏肝解郁、解热止痒、消肿止痛之食疗，绿豆、豌豆、百合、豆芽、芫荽、荠菜都是很好的调理食物。

春分节气民俗 | 春分复活节

西方人的春天要等到春分才来临,这是西方人眼见为凭的务实思想,他们不像东方人懂得虚实之分,虚即似有非有,似无非无。中国人在春分前的春天是虚春,有春之气,但春之形弱。

中国人在春分会举行春分祭典,受唐代影响至深的日本奈良,至今仍会在春分时于吉野山举办春社花会。在日本江户时代开始流行的二十四节气历中,春分的三候现象有"樱始开",在奈良开的就是染井吉野樱,至于主要长在平地的八重樱、垂枝樱,要到近清明时才会盛开。

西方人春天最重要的节庆即春分时期的复活节。复活节是东正教和天主教的大节日,与基督新教较崇尚冬至期间的圣诞节不同。三月下旬春分期间,南欧大地(希腊、意大利、西班牙、法国南部)已是绿意盎然、百花盛开,有明显的大地回春的现象,但中欧、北欧仍然寒意刺骨,要等到四月下旬才会觉得大地复苏。

复活节也刚好在太阳运行到黄道十二宫第一个宫白羊宫之际,也因此,南欧如希腊、意大利等地的人常在复活节时烤羔羊献祭(羔羊即代表白羊宫,同时象征为人类替罪的羔羊),但这恐怕不是基督教的原始祭典,而是古希腊的万神教义中留下的天文灵思。

春分节气餐桌 | 春分滋味

春分时节没事闲逛菜市场，偶有新发现。那一天在熟悉的蔬菜摊上，看到了一捆捆新鲜的茴香，当天本来想买春天新鲜的蚕豆来炒老咸菜，临时就改买了当时正鲜嫩得很的茴香。

记起上一回吃到茴香和蚕豆，是在意大利托斯卡纳的乡间。当地人的做法是先把蚕豆熬煮成泥，再焖煮茴香，之后把熟烂的茴香叶丝与蚕豆泥混合，拌上去年冬天刚榨好的精纯橄榄油，再加一点盐即成。这种吃法是托斯卡纳农民传承了好几百年的食谱，据说可以清洁血液。

我自创的做法是把茴香切至细碎，用橄榄油与蚕豆清炒，起锅前再撒点盐，一盘野香扑鼻、色泽翠绿、口感爽脆的春膳就做成了。

吃春，吃的是苏醒的味觉。经过一季寒冬，荒枯大地上刚探出尖的野菜，最能挑动在冬日潜伏深藏的味蕾。冬季最宜腌味、腊味、渍味，到了大地回春之时，就要换上鲜味、清味、原味才成。

有一年春天到京都，在古老的料亭吃了一味香椿芽拌新笋，在座的日本朋友很得意地说，他们吃的新笋还是朝掘笋，是当天清晨才从嵯峨野[①]挖得的笋。听起来好像颇为难得的

---

① 嵯峨野，位于岚山北方，盘踞在优美的小仓山东麓，曾经是皇室的别墅所在地。

笋，在超市的确不易遇见，但在我家附近的传统市场旁固定聚集的早市小摊，也有一老妇人挑担卖着春天一大早才从阳明山挖来还沾着土泥的新笋。

新笋有了，但新鲜的香椿难遇。从前家家户户是平房，不少人家后院就种着香椿树，童年时的我最爱爬树摘邻家刚发的木芽，拿回家拌豆腐吃，吃得一嘴香气。如今我认识的朋友中，只剩一人家中后院还有宝贝得很的香椿树，每年春天我都得央求他施舍一些。

早年春天到杭州，最能体会出《诗经》中"野有蔓草，零露漙兮"的情境。当地菜市场上堆放着各种野地上摘来的草蔬，都是嫩嫩小小的，蕨菜有春风和溪水的味道，不像大棚里有机栽培的小麦草，虽然清嫩，却少了土壤回春的力量。

杭州有种毛毛菜，像特小号的青江菜，是家家户户春天非吃个够的春蔬，当地人说吃了可以调理过了一冬的身子。这种食蔬有益身体的话，是古老的民间智慧，不必等到都市人推广有机料理时才觉悟。

杭州人喜欢在春天时炒毛毛菜腐衣[1]，吃的都是嫩意。讲究的腐衣要用顶好的山泉点出的黄豆汁，烧滚了掠一层又一层的腐衣，色泽米白，形状柔美，口感滑嫩，配上翠绿清爽幼嫩的毛毛菜，充满了季节的新意。

---

[1] 豆腐皮。

春天喝新茶，亦是杭州人的迎春之道。街上茶坊前都摆着大大的风炉，制茶人赤手在细竹编的茶盘上炒青[1]，空气中飘荡着生茶炒青的味道，等过了火，才能烘焙出明前龙井既清又净的韵味。

上海的春日滋味有三好：草头、马兰头和荠菜。草头配红烧圈子，可以一洗油腻；马兰头切成碎末，拌豆干末再混合了新鲜的麻油及微盐，在春天的清晨配白粥或拌阳春面，吃来神清气爽；荠菜最宜掺了碎肉包成大馄饨，入口清香，滋味鲜美。如今台北街头一过三月，也有一些店家在门口贴了荠菜上市的红纸墨笔，路过看到，就仿佛听到了春天在召唤的声音。

春分节气旅行 | 不敢不乐

二〇一一年春天，日本发生"三一一"地震引发的海啸，使得当季的樱花时节蒙上了悲哀的阴影。我身边有些友人原本讨论好的赏花行程也因之取消，但我和夫婿全斌还是按照预定计划前往京都。

春分时节的京都，樱花依如往年盛开，只是游人比起昔日

---

[1] 指在制作茶叶的过程中，利用微火使茶叶在锅中萎凋的手法。该工序通过人工的揉捻令茶叶水分快速蒸发，阻断了茶叶发酵的过程，并使茶汁的精华完全保留。

较为清落，反而增添了赏花的情致。在这年看到樱花灿烂，感触特别多。樱花本是无常之花，开得如梦似幻时，只要天气一变，来场稍大的雨，马上花吹雪落英满地。樱花美景稍纵即逝，在日本遇上天地大灾变之后观之，更觉人生无常。

从前读过李渔在《闲情偶寄》中谈行乐，这回因京都观樱而浮上心头。李渔说："造物生人一场，为时不满百岁……即使三万六千日尽是追欢取乐时，亦非无限光阴……又况此百年以内，日日死亡相告，谓先我而生者死矣，后我而生者亦死矣……死是何物……知我不能无死，而日以死亡相告，是恐我也。恐我者，欲使及时为乐……康对山构一园亭，其地在北邙山麓，所见无非丘陇。客讯之曰：'日对此景，令人何以为乐？'对山曰：'日对此景，乃令人不敢不乐。'"

这一回在京都，真是懂得了"不敢不乐"的意思。往昔到祇园的圆山公园赏樱，看年轻的男女，尤其那些看起来像初入社会、身上穿着廉价的上班族西装与套装的公司职员，坐在铺着蓝胶布的草地上，吃着附近便利商店买来的寿司、沙拉、泡面等等，喝着易拉罐装的清酒，一群人喧闹着青春的活力，在落樱纷飞的树下度过他们稍纵即逝的花样年华。

从前我看到这些赏樱时吵吵闹闹、带着醉意的青年人时，内心并不欢喜，因中年的我喜爱的不免是清幽的赏樱意境，在人潮尚未涌现前独自在白川通或哲学之道踩着一夜落樱漫步。但这一回看着青春在樱花树下喧嚣，想到那些随着海浪而逝的人中，也有一样年轻或更稚嫩的生命，也许有的还不曾在樱花树下醉过酒呢。眼前的赏樱情景，突然让我湿了眼，人生真是不敢不乐啊！当有的生命发生了极痛苦的悲剧，我们或许也曾跟着哭泣，但面对悲剧，并不代表我们就要对生命放弃欢乐。谁知道今年在樱花树下赏花喝酒的人们，明年在何方呢？今年不一起同乐，也许明年就各分东西、天人永隔了。

樱花本来就特别华美，也因此特别脆弱。樱花似人生，如露亦如电。虽然年年有美景，景在人却未必在。

樱花最像青春，美得如此放肆哗然，却又如此匆促。有一天在赏花的小路上分别看到祇园的舞伎和艺伎走过夹道盛开的樱花树，我突然发现年轻的舞伎和怒放的樱花如此相配，那种不可遏止的跟天地争辉的青春能量，让我觉得舞伎是樱花。但熟年的艺伎，虽然如此优雅，却不那么适合樱花，有着岁月容颜的她们适合秋枫的幽美。

春樱、夏绿、秋枫、冬雪，都是生命之美，面对此情此景，只要活着，真是令人不敢不乐。

春分节气诗词

《赋得巢燕送客》

[唐] 钱起

能栖杏梁际,不与黄雀群。

夜影寄红烛,朝飞高碧云。

含情别故侣,花月惜春分。

《二月二十七日社兼春分端居有怀简所思者》

[唐] 权德舆

清昼开帘坐,风光处处生。

看花诗思发,对酒客愁轻。

社日双飞燕,春分百啭莺。

所思终不见,还是一含情。

《春分日》

[南唐] 徐铉

仲春初四日,春色正中分。

绿野徘徊月,晴天断续云。

燕飞犹个个,花落已纷纷。

思妇高楼晚,歌声不可闻。

《望家信未至》

［宋］葛绍体

一封寄去当人日，只是元宵近到家。

何事春分犹未报，夜窗几度卜灯花。

节气 5 清明

阳历 4月4日 — 4月6日 交节

清明节气文化

　　清明，是二十四节气中唯一既是节气又是节日的日子，因此，虽然清明是大家耳熟能详的词语，但有些人只知清明是扫墓祭祖的节日，而不知清明亦是节气。

　　清明是二十四节气中的第五个节气，春分过了十五天，太阳到达黄经十五度的位置，始于阳历的四月四日至四月六日之间。清明指的是物候现象，天地之间一片清朗明亮，绿草如茵，杏花粉红，天气比较和暖了，刚好是适合春游的日子。

《月令七十二候集解》中记载，清明三候分别为"桐始华""田鼠化为鴽""虹始见"，也就是梧桐树开始开花，一身阴气的田鼠因烈阳之气渐盛而躲回洞穴，喜爱阳气的鴽鸟（鹌鹑）开始出来活动，而此时云薄漏日，日穿雨影，则见彩虹踪影。

清明从宋代至今一直是民间十分看重的节日，因为这一天人们要祭祖扫墓。然而扫墓日在宋代之前并非一定要在清明日，像台湾民间就仍有在农历三月初三上巳节扫墓的风俗，此风俗源于旧唐俗；另外江浙一带人家，也有在寒食日扫墓吃冷食的民俗，这源于晋文公祭拜因焚山而亡的介之推。

不少现代人搞不清楚寒食与清明之分，误以为是同一天，以为寒食与清明都在冬至过后第一百零五天。其实寒食源于极远古的风俗。最早的古寒食为一个月，和现今天主教的"四旬斋"（Lent）有着相似的背景，后来寒食改为七日、五日、三日（从冬至后第一百零三日至清明），再演变成一日。在古代，节气是重要的日子，节气前一天的节分亦是重要之日。寒食不举火，除了和介之推有关，还有更古老的神灵信仰隐藏其中。远古时期，人们相信天地之间有火神，火神每年会在清明这一天赐新火给人类，因此在清明前，人们要熄灭旧火等待新火，所以才必须冷灶寒食。一直到唐代，宫中还有清明用榆、槐传新火分送大臣的习俗。唐代诗人李峤在《寒食清明日早赴王门率成》一诗中即云：

> 游客趋梁邸，朝光入楚台。
> 槐烟乘晓散，榆火应春开。
> 日带晴虹上，花随早蝶来。
> 雄风乘令节，馀吹拂轻灰。

读中国古诗，如果不懂节气和古制的关系，只从字面上看，往往看不出幽微。清明日即新火日，天地清明。中国的清明日和印度人的火光节都直指远古拜火神的传统，民间亦有从印度传来的火光菩萨会在清明日降临的神话故事，只有在门户上插新柳的人家才能得到火光菩萨的保护。

从宋诗中还可以看到清明与新火的联结，如宋代王禹偁的《清明》一诗：

> 无花无酒过清明，兴味萧然似野僧。
> 昨日邻家乞新火，晓窗分与读书灯。

从这首诗可以看出，清明燃新火的礼俗已从宫中普及至民间了。

从宋代开始，清明逐渐成为重要的扫墓日。宋代高翥的《清明日对酒》一诗写道：

南北山头多墓田，清明祭扫各纷然。
纸灰飞作白蝴蝶，泪血染成红杜鹃。
日落狐狸眠冢上，夜归儿女笑灯前。
人生有酒须当醉，一滴何曾到九泉。

此诗不仅从扫墓直指人生苦短，也精确地描绘出清明时节，刚好是白蝴蝶飞舞、红杜鹃盛开的时节，只是诗中的白蝴蝶是烧成灰的纸钱，而红杜鹃暗指人间血泪。

清明亦是新柳飞扬、新茶上市的日子。古代有"清明不戴柳，死后变猪狗"之说。人们认为，柳枝有避邪驱煞之用，因此清明时人们在鬓边戴柳叶符或在门扇上插新柳枝，希望能够解灾消祸。怪不得救苦救难的观世音菩萨手中拿的也是杨柳枝。

"清明时节雨纷纷，路上行人欲断魂。借问酒家何处有，牧童遥指杏花村。"春分之后，百花依序盛开，至清明百花大都开遍，可说是桃杏争艳，清明也成为人们踏青、春游的好日子。古代在清明时有荡秋千及蹴鞠（踢球）的运动风俗，也是让一冬少动的身子，在天气回暖后开始活动筋骨、活络神经。

春季最怕春困，即现代人说的春日忧郁。多出门走走，看看百花，闻闻花香，也算是自然界的芳香疗法。清明最宜吃能清洁血液的艾草。自古即有的清明团子，也称清明果、清明丸子，是用糯米粉和艾草汁制成的，如今漂洋过海成为日本人在春天最常吃的艾草小丸子。

清明宜多吃带辛味的野菜，如荠菜、芹菜、芫荽、土当归、枸杞菜，它们都有益肝通血脉之效，但有宿疾之人要少吃春笋这种易发之物。

清明节气民俗 | 清明、寒食与上巳

中华文化传统的民俗节庆祭典，有两个重要的来源，其中一个是节气。在节气中，冬至是古代的大日子，曾像立春般被定为一年之首，因此民间才有"冬至大过年"之说。清明也是重要的日子，清明的重要在于它是二十四节气中唯一既是节气又是节日的一天，但现代人大都只记得清明是法定节日，有不少人忘了清明亦是节气。

清明节是重要性后来居上的节日。其实清明节前后本有两个在古代比清明更重要的节日，近代却被忽略甚至遗忘了。

二〇一一年公历四月五日的清明节，恰逢农历三月初三，即古代的"上巳节"（或"祓禊日"）。台湾中南部还有些人会在三月初三上坟，这个风俗中隐藏着古代的记忆，因为上巳节曾是古代扫新坟的日子。本来只有僧人才在清明扫墓，宋代之后才演变成清明日新坟旧墓一起扫。

传统节日的另一个来源是农历的灵数日，如二月初二的中

和节（俗称"龙抬头"，又称春龙节，亦是土地公生日）、三月初三的上巳节、五月初五的端午节、六月初六的天贶节（台湾民间所说的"天门开"）、七月初七的七夕（台湾民间是七娘妈生日）、九月初九的重阳。古人认为这些重复的数字蕴含了神秘的原理，这些日子根据的都是以月亮绕地球转的周期创制的太阴历，太阴历一年只有三百五十四天，每年的太阴历和太阳历都有差距，因此不管是每月的初一、十五的朔望，还是每年的端午、七夕的日子，都得查历书才知道落在太阳历的哪一天。

三月初三上巳节是非常古老的节日，代表三的灵数，意味着一生二、二生三、三生万物的生育力量。上古时期，人们在三月初三时会在水边祭祀有着大胸脯、大肚子、大腿的原始女体，它代表古代母系文明遗留的信仰。选择在水边也和今日人类的生命来自海洋的说法不谋而合，水也有羊水的象征意味。至于上巳节为什么后来演变为上坟祭拜祖先，当然和伦理思想发达后，人的生命来自祖先的观念有关。

上巳节在宋代后逐渐没落，据说和元军屠杀汉人有关。在上巳节扫墓往往会再揭仇恨的疮疤，于是蒙古人不许汉人在上巳节扫墓，许多人就改成了在上巳节前后的清明节扫墓。但到今日，某些台湾人和闽南人还坚持在三月初三扫墓，这可能和元军曾在三月初三在闽南同安一带大屠杀的历史有关。三月初三成为不少闽南人祖先的集体受难日。

清明节除了延续上巳节祭祀祖先与扫墓的传统，还受到了另一个重要的远古节日，即寒食的影响。寒食据说是最古老的节日，源于对旧石器时代钻木取火的纪念。因为火带来了文明的跃升，因此古代氏族、部族都由有权力者管理火种，日后引申为家族祭祀香火，一直到汉唐宋年间，皇帝都有赐新火给众臣的风俗。为什么年年要赐新火？因为古代四季钻木取火用的是不同的木，在冬去春来的一年之始，往往必须熄去旧火，点燃新火。这项工作在远古时期十分重要，寒食即代表这段旧火熄灭、新火不继的日子的记忆，人类必须缅怀无火寒食的蛮荒。寒食节为纪念无火而禁火，直到清明前一夜才点燃新火，所以清明又有恢复明亮之意。

古代寒食节本为一个月，后来变成七日、五日、三日，甚至一日。在汉代，寒食是清明前三日，到了宋代，变成清明前一日，甚至今日不少人还以为寒食清明为同一天。如今华人都不过寒食了，因为世人都忘了寒食和火种的关系。民间关于寒食的传说，只剩下晋文公为纪念被火烧死的介之推的故事。介之推的故事虽然悲壮，但重要性却比不上人类用寒食日去记忆火种和文明新生的关系。今日人类和火种的关系，已不是钻木取火的辛苦，而是核能的潜在危险。日本福岛的居民在核灾后无电无汽油，只能吃寒食的惨状，让我第一次感受到寒食节的古老意义。当人类愈来愈不懂用火（核能）的安危，也许有一天文明又要崩坏，返回寒食与钻木取火的蛮荒。

清明节气餐桌 ｜ 春天把润饼卷起来

过去几年，每年清明前后，南村落都会在阳明山林语堂故居举办春天润饼文化节，不知不觉已办了七届，每年有愈来愈多的人参加这个活动，而润饼也变成了台湾春日不可少的话题。

回想当初第一年策划这个活动，其实是很私人的缘故，起于怀念逝去的母亲和外婆。在我的记忆中，每年春天的润饼宴一直是来自台南的外婆和妈妈很看重的事。童年起，我就看着她们母女两人备润饼料，桌上放了近二十样食材，有卷心菜、胡萝卜、豆芽菜、荷兰豆、韭菜、芹菜、香菜、青葱、小葱、皇帝豆、浒苔、豆干丝、肉丝、虾仁、香菇、蛋丝、鳊鱼酥、花生粉等等，真是丰富极了。

润饼料虽然多，但会包的人只要用一张薄饼皮就可以把这些料都包起来（因此润饼也称薄饼），诀窍是在盘中放上薄薄一层饼皮，第一层先放干料，如花生粉、浒苔、鳊鱼酥，可隔绝湿料（饼皮一湿就易破），接着在干料上放湿料，由大而小，由粗而细，先放卷心菜，再依次叠上不同的蔬菜，再放豆干丝、肉丝、蛋丝，最后才放虾仁、皇帝豆，在包饼前还会再撒上一层花生粉，封住所有的料。

小时候，我掌握不住包饼的窍门，要不包太大，把饼皮撑破了，要不包太小，没有丰盛的感觉，但随着年岁渐长，包多了也就包出心得了，懂得什么是恰恰好的感觉。

润饼是很健康的食品，食材大多是碱性的，少部分是酸性的，蔬菜和动植物蛋白质的比例很符合营养学，淀粉（薄薄一层饼皮）又很少，对怕胖的人刚刚好。

润饼源自春饼，但食材从单纯的五辛香菜演变到青蔬配蛋丝、肉丝、豆干丝等基本款（如北方的合菜戴帽、江浙人的韭黄肉丝虾仁春卷），再到闽南海上丝路贸易所引进的各种食材，如花生粉、卷心菜、荷兰豆等等，这使得润饼成了食材历史演变的载体，蕴藏了不同乡土文化的记忆。

因为年年办润饼节，现在有不少人遇到我都会和我谈起他们家如何吃润饼，我就会告诉他们那种润饼的吃法源自何处。譬如说把润饼湿料混合在一起热热地吃，是福建厦门的吃法，也是如今台北流行的吃法，常在春节及尾牙时吃；每一样料分别包起来冷冷地吃，是福建泉州的吃法，亦是台南的吃法，多在农历三月初三寒食与清明时吃；润饼中包油饭、炒油面是福建同安、晋江的吃法，在三月初三吃的最多，盛行于旧台南县与彰化县；润饼中包酸菜及菜脯[①]是客家吃法，在桃竹苗[②]最常见。

小小的一卷润饼，是节气，亦是食材、乡土、民俗、家族

[①] 萝卜干。因萝卜在潮汕、闽南、台湾等地区俗称"菜头"，故称"菜脯"。
[②] 台湾地区西北部桃园市、新竹市、新竹县、苗栗县四县市的合称。

的故事与记忆。春天把润饼卷起来的同时，也卷起了文化，润饼像一条文化的船，装满了历史与传统生活的记忆。

清明节气旅行 ｜ 杭州清明游

如今每年清明节，我都要上山祭拜父母。我曾带着当年台湾最早上市（清明前）的三峡碧螺春祭墓。爸爸是江浙人，喜爱绿茶多过乌龙，他活着的时候，每年清明后都痴痴等候着大陆亲友为他第一时间空运寄来的雨前龙井茶。

雨前龙井指的是谷雨前采收的两叶一心的嫩茶。为什么得在谷雨前采收？因为清明时节柔细的雨伤不了嫩茶，不会像谷雨时节的雨那般快快催叶子变大变厚，赶在谷雨前才收得到当年最嫩的茶叶。

二十多年前清明后近谷雨时，我曾陪父亲去杭州旅行。那年正是龙井好时节，清明雨停得早，谷雨雨还未下，茶农采收了不少茶叶，已经在桃花坞一带的农家大院炒青了。青嫩的茶香传遍了山径，我们仿佛走在一条茶香熏过的丝带上。当时，大陆的经济开发尚未火热，龙井的价格还未高涨，茶农极为纯朴友善，杭州也还未人车壅塞，那是龙井茶山仍然十分宁静祥和的时光。

我记得自己和爸爸在当地亲友的陪伴下去了几户农家试茶、看茶，喜欢龙井茶的爸爸一路笑呵呵的，当地的茶可是他早年在台北衡阳路的全祥茶庄所买不到的好货。那时我才懂得什么叫土亲人亲。生长在江浙的爸爸自然爱龙井，但在台湾长大的我，却一直喜欢半发酵的乌龙多于不发酵的龙井，这也是因为我和台湾的土地较亲吧！

当天晚上，我们在其时还未盛大改装的西湖楼外楼吃杭州菜，叫了据说是当季新龙井鲜制的龙井虾仁，真是奢侈啊！状如雀舌、碧绿细嫩的茶叶映照着胭脂色的小粒河虾仁，其美色美味至今难以忘怀，日后却再也不曾吃到如此精巧纤美的龙井虾仁了，之后的楼外楼也改成了如体育场般巨大的餐馆。

第二天上西湖游苏堤，想到爱茶的苏东坡在杭州与山寺方丈交游，经常有好茶可品；东坡诗云"白云山下雨旗新""妙供来香积"，都是品茶心得。

苏东坡有一回去西湖北山的寿星院，由梵英和尚烹茶招待，茶水吃后齿颊生香，芳冽无比。因与一般的茶味不同，东坡问是不是新茶，梵英和尚答，烹茶，必须新茶旧茶相配，茶香茶味才都透得出来。

这和台湾人做米糕，要新米旧米混合，取新米的香和旧米的味是一样的道理。

当天我虽然想到了苏东坡的这则故事，却忘了告诉爸爸，一忘经年，爸爸活着时都没提，也许是怕爸爸笑我卖弄文艺。

如今爸爸也无缘在人间喝新旧混调的龙井茶了，但下回清明，我可要烹一壶新旧龙井茶遥祭老父，或许他也会想，这龙井茶味与一般不同吧！

清明节气诗词

《清明》

［唐］杜牧

清明时节雨纷纷，路上行人欲断魂。

借问酒家何处有，牧童遥指杏花村。

《寒食》

［唐］韩翃

春城无处不飞花，寒食东风御柳斜。

日暮汉宫传蜡烛，轻烟散入五侯家。

《阊门即事》

［唐］张继

耕夫召募逐楼船，春草青青万项田。

试上吴门窥郡郭，清明几处有新烟。

《寒食野望吟》

［唐］白居易

乌啼鹊噪昏乔木，清明寒食谁家哭。

风吹旷野纸钱飞，古墓垒垒春草绿。

棠梨花映白杨树，尽是死生离别处。

冥冥重泉哭不闻，萧萧暮雨人归去。

《清明日》

［唐］温庭筠

清娥画扇中，春树郁金红。

出犯繁花露，归穿弱柳风。

马骄偏避幰，鸡骇乍开笼。

柘弹何人发，黄鹂隔故宫。

《寒食帖》

［宋］苏轼

自我来黄州，已过三寒食。

年年欲惜春，春去不容惜。

今年又苦雨，两月秋萧瑟。

卧闻海棠花，泥污燕支雪。

暗中偷负去，夜半真有力。

何殊病少年，病起头已白。

春江欲入户，雨势来不已。
小屋如渔舟，濛濛水云里。
空庖煮寒菜，破灶烧湿苇。
那知是寒食，但见乌衔纸。
君门深九重，坟墓在万里。
也拟哭涂穷，死灰吹不起。

《寒食上冢》

[宋]杨万里

迳直夫何细！桥危可免扶？
远山枫外淡，破屋麦边孤。
宿草春风又，新阡去岁无。
梨花自寒食，时节只愁予。

《清明》

[宋]黄庭坚

佳节清明桃李笑，野田荒冢只生愁。
雷惊天地龙蛇蛰，雨足郊原草木柔。
人乞祭余骄妾妇，士甘焚死不公侯。
贤愚千载知谁是，满眼蓬蒿共一丘。

《苏堤清明即事》

[宋]吴惟信

梨花风起正清明，游子寻春半出城。

日暮笙歌收拾去，万株杨柳属流莺。

《姑苏竹枝词》

[清]周宗泰

衣冠稽首祖茔前，盘供山神化楮钱。

欲觅断魂何处去？棠梨花落雨余天。

6 节气 谷雨

阳历 4月19日—4月21日 交节

谷雨节气文化

谷雨是春季六个节气中最后一个节气，始于阳历四月十九日至二十一日之间。到了谷雨时节，敏感的人就会知道春季快结束了，夏日快要来了。谷雨时太阳运行至黄经三十度的位置，老天开始下起粗疏的大雨，和清明时的纷纷雨丝不同。谷雨之名，来自雨水生百谷。谷雨是春季最重要的农业节气，谷雨后降雨量大增，气温回升加快，农作物受到滋润，生长加速，农事也跟着忙碌起来。

古人观察谷雨三候，于《月令七十二候集解》记载"萍始生""鸣鸠拂其羽""戴胜降于桑"，意即浮萍开始在春水中生长，布谷鸟鸣叫，还会拍动羽翼四处飞翔，在桑树之间，也开始发现戴胜鸟的芳踪。

除了忙种谷，谷雨前后也是茶人采收新茶的时候，所谓"雨前茶"，即指在谷雨前加快采收的嫩叶。为什么雨前茶珍贵呢？因为谷雨前的雨小，茶叶还保有一心二叶的小嫩蕊，可制作如雀舌般鲜嫩之龙井茶，但谷雨后茶叶生长迅速，就厚了粗了，制一般茶还可，极纤细珍贵之茶就制不了了。

也有人讲究"明前茶"，即清明之前采收的茶，但茶叶并非愈小愈细愈好，太细小的茶叶还不够茶青之味，也不好。像江浙附近是温带气候，明前茶恐怕太早，还是雨前茶较适宜，若换到闽南、台湾等亚热带气候区，明前碧螺春就挺合宜。

谷雨时节，养桑人家也开始忙碌起来。此时桑树长出翠绿的新芽叶，正是蚕宝宝最需要的食粮。采桑叶一定得采干叶，不可采湿叶，因此采桑娘子最怕下雨，但偏偏种谷的人盼及时雨，因此民间有一首谷雨农业诗，最能说明这样的两难：

做天难做谷雨天，稻要温暖麦要寒。
种田郎君盼时雨，采桑娘子望晴天。

做人不也有时会像谷雨天,顺了郎意又未必顺嫂意。天下很少有两全其美之事,连天都难,何况人呢!

谷雨前百花早已盛开,到了谷雨,雨势雨量加大,反而要小心雨打花残的情景。由节气看自然都有一定的道理。春季花开,都是从需水量不多的花开起,如水仙、桃花、杏花、樱花等等,到了春分时节,百花都开得差不多了,才有春分花会之事。从春分到清明这十五天是一年中赏花最好的时节,但清明后,盛开的花就开始要凋萎了,尤其等到谷雨一来,就如苏东坡在《天仙子》中所写:

走马探花花发未。人与化工俱不易。千回来绕百回看,蜂作婢。莺为使。谷雨清明空屈指。

白发卢郎情未已。一夜翦刀收玉蕊。尊前还对断肠红,人有泪。花无意。明日酒醒应满地。

"一夜翦刀收玉蕊。"落花满地,诗人多情,谷雨一来就知春迟,惜春要趁早啊!

春日百花之中,只有花瓣繁复硕大的牡丹花开得最晚,非要等到谷雨才开,因此牡丹才有"谷雨花"的别称。牡丹虽晚开,却也显出贵气与独树一格,就像大明星都要压轴演出一般。当年在长安,传说武则天举办长安"花博会",命令百花要同时在春分盛开,只有牡丹不从,才被贬抑到洛阳。

年轻时读汤显祖的《牡丹亭》，并未察觉此剧用牡丹花命名之意，年纪稍长后才领悟牡丹花正是整出剧的隐喻，柳梦梅和杜丽娘的情爱未曾开得正时，是迟到的爱、迟来的团圆，只有牡丹才能代表这份迟，才象征两人别具一格之情爱。

谷雨时，天气变得潮湿了，需要吃一些去体内风寒之物，又为了防春瘟，身体需要打底，吃些鳝鱼、鲤鱼之类的食材，可增加身体的免疫力，以迎接即将到来的夏天对身体的考验。

谷雨节气民俗 | 海神娘娘祭

谷雨生百谷，此时雨量增大增多。由于青梅在此时成熟，谷雨又有梅雨之称。

谷雨期间，农事开始忙碌，采桑、收茶制茶。除了农民辛勤劳作，渔民也会在暮春三月举行祭海活动。两千多年以来，在谷雨节气这天，大陆东海一带的渔民会将纸糊龙船焚送于水，谓之"化龙船"，以求海神娘娘保佑出海平安，鱼虾丰收。

这个历史悠久的海神娘娘祭，是否在宋室南迁后逐渐转变成为闽南妈祖海神信仰的源头呢？海神娘娘有了更具体的人间形象林默娘，至于焚烧纸糊龙船的仪式，台湾各地渔港会在一年中的不同时候举行，如最有名的东港烧王船是在农历九月，网寮、塭港在农历四月，虽然时间不同，但是在海边烧的都是海龙形状的船，并把焚船放海流，也都说此举可以除瘟慑毒，降福人间。

许多民俗，或有共同的信仰源头，逐渐演变为地方的风俗，背后仍是人类先民对天、地、海的神秘所衍生的恐惧与敬畏。

谷雨节气餐桌 | 和食中的唐宋遗风

有一年谷雨，我在日本京都祇园的键善良房①中吃到葛切②，透明的凉粉盛在冰块上，挑几条蘸着黏稠的冲绳黑糖浆吃。滑溜有嚼劲的葛切有股淡淡的清香，混合着黑糖微焦的甜味，十分美味。

旅途中偶然吃到葛切，回台北后一直难忘。虽然在高岛屋③的源吉兆庵④也买到了放在塑料绿竹容器内的葛切，但好像

---

① 非常有名的老字号和果子店，至今有300多年的历史。
② 一种京都特色小吃，是从葛根萃取葛粉，加以精制干燥而成的。
③ 全名"株式会社高岛屋"，是一家大型百货公司连锁店。
④ 一家和式点心店。

买的是超市的盒装豆腐，完全没有了手工老豆腐的香气。放在容器中的葛切，少了天然清凉的滋味。买过一次后，也就不再买了，但心里却依然想着上回吃到的葛切，总想去京都再吃它几回。

后来看《东京梦华录》，发现在北宋时的汴京，就有用葛根制成的凉粉，也是蘸黑糖吃，原来日本人现今吃得文雅极了的葛切，也是当年到华取经的结果。

日本愈传统的食物，愈难脱唐宋遗风。像京都的和果子铺供奉的元祖大师空海和尚，从中国返回日本传经时，就带去了各种馒头的做法。唐宋年间，人们称包了馅的面团为馒头，怪不得空海会把各式豆沙包都叫成馒头，而不是像如今的台湾人，随着后来的北方人叫包子。

有一年谷雨后，我在江南一带旅行，看见不少店家在卖青团子，就是把糯米捣成泥，再混合艾草汁，揉成小球，四球成一串，可以现吃，也可以烤来吃。这种青团子也成了日本人的和食代表，一年四季都吃，连台湾的百货公司也标榜为和风小吃卖着，但在本家浙江一带，却守着古礼，只有清明谷雨前后才吃一阵子。

谷雨节气旅行 | 长谷寺迟遇牡丹

一直想去洛阳看牡丹而不得，没想到竟然在日本奈良樱井的长谷寺见着了漫山遍野八千多株、一百五十多种的各色牡丹。

这次去日本时，谷雨节气已快结束，本不知号称谷雨花的牡丹还有没有，恰巧在途中听到在当地留学的台湾学生谈起刚去过奈良的长谷寺看牡丹。原来当年冬天极冷，春樱晚开了，连带牡丹也迟了些，我们虽是快到立夏才去，见不着花容盛开的美景，却仍可见姹紫嫣红开遍之情状。

出门旅行巧遇花期，本来就是难得之事。这回我们也去了金泽市的兼六园①，本想看水边的燕子花，只可惜去早了，没有一株早开的燕子花。

本来就担心在大阪没太多事可做，逛难波②、千日前通、心斋桥③、道顿堀④、梅田⑤等，看一千家两千家商店，对不再年轻的我已成苦事。近十年每次到京都，我都已不在大阪

---

① 日本三大名园之首，其四季风景截然不同，又以冬雪、春梅为首，备受推崇。
② 一处位于大阪传统热闹商业区的现代建筑，是一个购物中心与公园的综合体。
③ 大阪最大的购物区。
④ 一条位于大阪府大阪市的运河，以邻近的戏院、商业及娱乐场所闻名。
⑤ 大阪市北区的一个商业区，邻近大阪站及梅田站，也是大阪的主要购物区。

停留，这回本是专程去大阪做一番关西京阪神①三城文化之比较，也看到了许多有趣之事，如御堂筋②地铁上有人脱了鞋子看报，中学女生高声谈笑，整列车上难得看到有人坐得端正，中午时分在清水食堂都是喝得醉醺醺的客人……这些情景都不容易在京都见到。

能够抽一天身离开大阪也不错。坐上近铁电车，出了大阪进入奈良，风景就不同了。近山青苍绿翠，远山蓝靛紫灰，我最着迷于坐火车时经过一些陌生的山间村落，每每想随兴下车。这次在长谷寺下车就有这种意外走进一处隐逸而保存良好的乡间历史聚落之感。

长谷寺最早建于七世纪，也许从那时起就有村落慢慢在山间谷地聚集。今日从火车站一路由高而低沿着古老的历史石阶而下，穿过初濑川走上长谷路，就是通往长谷寺的参道。一路上仍有许多古旧的木造建筑，街旁有村民卖着自家种的葛根、香菇、山菜。我们在一户仍用自家石臼磨粉的小店吃荞麦面，身旁坐着十来位穿着白罩衫，正在进行西国三十三所观音灵场③朝圣的巡礼者。

长谷寺是西国观音参拜路上的第八番所，寺中有一座日本最高的木造十一面观音菩萨坐像。此地以观音灵验吸引信众，

---

① 是对日本的京都市、大阪市、神户市的合称。
② 大阪市一条南北向的干道，北通梅田，南接难波。
③ 指日本近畿地区三十三个安置观音的道场。

但长谷寺还有另一特色，即四季皆有美景，除了春樱、夏绿、秋枫、冬雪，四月下旬至五月上旬谷雨节气期间的牡丹花艳冠全日本。

我年轻时并不爱牡丹，因为常见国画中的牡丹都以富贵图示人，到了中年后重读《牡丹亭》，才读懂了牡丹的迟。

《牡丹亭》说的就是情人在春光明媚时无法两情相悦，非等到人鬼相隔还阳于世才迟合。年纪略长时，才体会得出迟的可贵与美好。牡丹在众花皆美时在一旁寂寞，但等其他花儿都已谢时，却放肆地娇艳地怒放。

怪不得牡丹只送中老年人，这些人生已晚、岁月已迟之人，当然希望在青春盛开后，仍像迟开的牡丹挺立。形容女人像白牡丹、红牡丹也别乱搭，总要有四五十岁的风韵才称得上是牡丹之姿。

长谷寺的牡丹真惊人，从江户时代搭建的三百九十九级的石阶登廊而上，两旁的山坡都是牡丹，真是一条壮观的牡丹廊。我们是来迟了，不少牡丹已谢，还好仍有一些怒放的牡丹夹杂其间。一路爬石阶，一路看牡丹，想着这座真言宗[①]之寺守护这些世上难得见着的牡丹是为何。看完了牡丹，就该到山顶的本堂去见观音了。

[①] 日本佛教主要宗派之一，密宗的一种。

谷雨节气诗词

《老圃堂》

［唐］曹邺

邵平瓜地接吾庐,谷雨干时手自锄。

昨日春风欺不在,就床吹落读残书。

《与崔二十一游镜湖,寄包、贺二公》

［唐］孟浩然

试览镜湖物,中流到底清。

不知鲈鱼味,但识鸥鸟情。

帆得樵风送,春逢谷雨晴。

将探夏禹穴,稍背越王城。

府掾有包子,文章推贺生。

沧浪醉后唱,因此寄同声。

《送徐州张建封还镇》

［唐］李适

牧守寄所重,才贤生为时。

宣风自淮甸,授钺膺藩维。

入觐展遐恋,临轩慰来思。

忠诚在方寸,感激陈情词。

报国尔所向,恤人予是资。
欢宴不尽怀,车马当还期。
谷雨将应候,行春犹未迟。
勿以千里遥,而云无己知。

《水龙吟》
[宋]曹组

晓天谷雨晴时,翠罗护日轻烟里。酴醾径暖,柳花风淡,千葩浓丽。三月春光,上林池馆,西都花市。看轻盈隐约,何须解语,凝情处、无穷意。

金殿筠笼岁贡,最姚黄、一枝娇贵。东风既与花王,芍药须为近侍。歌舞筵中,满装归帽,斜簪云髻。有高情未已,齐烧绛蜡,向阑边醉。

阳历—5月5日—5月7日—交节

7 节气 立夏

立夏节气文化

中国人的夏天来得挺早，才吹起五月的南风，就到了始于阳历五月五日至五月七日之间的立夏了，此时太阳的位置来到了黄经四十五度。

立夏是夏之初，中国人看待季节有其幽微之处。古代帝王在立夏时会出城到南郊七里处迎夏神，此仪式代表夏神虽然已降临大地，但还未走到城中央，要再等四十五日到了夏至，才会在城中宫社所在地举行夏社大祭。

夏在古时的意义为"大"。中国夏商周三代，夏朝名"夏"，亦有由小到大的立国之意。万物经历春天的生长过程，到了夏天变大了，春生、夏长即自然界生命的秩序。

在《月令七十二候集解》之中，立夏有三候："蝼蝈鸣""蚯蚓出""王瓜生"，意即夏日阳气旺盛，喜阳的蝼蝈开始叫了，蚯蚓也因雨量增多而钻出地面，天气逐渐炎热，蔓藤快速长大，也开始可以采摘夏瓜了。

立夏是重要的农业节气。在春天播种的作物，有的在立夏已经可以收成了。像樱桃、青梅与稷麦，在立夏时都可以品尝了，古人称之为"尝三新"，因此，它们也成为立夏日重要的祭典饮食。除此之外，谷雨前后采摘的新茶，在立夏时也已制成。江南一带的制茶人家会各自带上自家新焙好的茶叶，把大家的茶混合在一起烹煮成一大壶茶，这种茶被称为"七家茶"。左邻右舍一起喝七家茶亦是立夏日重要的尝新活动。

立夏时天气日趋炎热，人体内的火气亦随之增加，立夏喝七家茶自有其妙义。因为江南茶家一年之中最重要的经济作物，自然是所谓的明前、雨前龙井或碧螺春，这些拔尖的新茶都要参加比赛。茶家人人都想胜出夺冠，左邻右舍当然容易伤和气，而这些昂贵、各有特质的新茶也当然不可能混在一起喝，而是各家有各家的茶味。但古代中国人过日子讲圆熟，到了立夏时，该比的茶都比过了，人与人之间也没有了嫌隙。立夏时出的是大量的新茶，茶家也不用彼此计较好坏，大家的日子都还要过，当然就得混茶泯恩仇。把大家的茶都合在一起，就代表和谐，往后还有一年的日子要过，明年比新茶的事明年再说吧！

立夏七家茶因为没那么珍贵，也有食俗会在茶内放橄榄、青梅、金橘等果子，与今天喝的金橘青梅水果茶的意思一样。杭州一带的制茶人家，在立夏时也已经赚到了当年春茶的钱，荷包满满，所以也有把立夏当"小过年"般吃"三烧、五腊、九时新"。三烧是烧饼、烧鹅、烧酒；五腊是腊黄鱼、腊肉、咸蛋、海蛳及腊米粉制成的腊狗；九时新则是吃当令的樱桃、梅子、鲥鱼、蚕豆、苋菜、黄豆笋、玫瑰花、乌饭糕、莴苣笋。真是比过春节还丰盛，由此可见茶家对立夏日的重视。用米粉做的腊狗挺奇怪，也许古老的习俗是吃狗肉，但后来不吃了，真是好事。

立夏的诗词谚语多和农事有关，例如"立夏，稻仔做老父""立夏得食李，能令颜色美""不饮立夏茶，一夏苦难熬"。农人喜立夏，因为作物生长快，农人收成好。但强说愁的文人却称立夏为春尽日，引起许多思绪，例如南宋陆游在《立夏前二日作》中写道：

晨起披衣出草堂，轩窗已自喜微凉。
余春只有二三日，烂醉恨无千百场。

芳草自随征路远，游丝不及客愁长。
残红一片无寻处，分付年华与蜜房。

隔了上千年，如今读此诗却立即让我们有亲临现场的同感。喜春的诗人当然不喜春日已到尽头，余春只有二三日，好好把握剩下的春意情长吧！到立夏时，陆游又写了首诗《立夏》应景：

赤帜插城扉，东君整驾归。
泥新巢燕闹，花尽蜜蜂稀。
槐柳阴初密，帘栊暑尚微。
日斜汤沐罢，熟练试单衣。

读古诗，得懂一点中国古代的五行理论才好。诗中的东君指的是春神（春日在五行中为东方），赤帜则是迎接主火的夏神的红色旗帜。此诗的初夏情景跃然字间，尤其试单衣一景，呼应着立夏始换下夹衣的习惯。

擅写季节诗的韦应物，也有一首立夏诗《立夏日忆京师诸弟》：

改序念芳辰，烦襟倦日永。
夏木已成阴，公门昼恒静。

长风始飘阁，叠云才吐岭。

坐想离居人，还当惜徂景。

我最喜欢"长风始飘阁"一句，立夏起南风吹，夏风吹在身上飘飘然之感让人欢喜。而"夏木已成阴"让我看到了长大的树叶可遮阳，夏天读了真凉爽。

从立夏起，天气渐热，不少虫蛇都钻出地面透气。古人从立夏就要开始避虫蛇，因此有立夏日在门前悬皂荚枝（自然界的植物皂）的民俗，人们还会用皂荚洗身与入药，以杀虫驱邪。

从立夏起，人的身体热量消耗日多。台湾民谚中有"立夏补老父"之说，意思是立夏后要注意家中长辈的营养摄入，因为有不少人立夏后食欲不振，就开始消瘦。古人在立夏时有吃泥鳅的养生之道，此食风我幼年时还经历过。我家的厨娘是汕头人，会在立夏后做一道泥鳅钻豆腐的名菜。日本人迄今仍有在立夏后食泥鳅之习，因泥鳅为水中人参，可补中气，去湿邪，还有消炎、降血压之效。

从立夏起，按五行养生之道，应注意主火的心脏的保养，要多吃蔬菜水果等清淡食物，切记少吃油炸、辛辣与热性食物，以免上火。从立夏起，要多喝水，补充因流汗过多而丧失的水分，各种清凉解热的青草茶也可以开始饮用了。夏天亦宜食粥，比如莲子、绿豆、荷叶、扁豆加小米熬煮的消暑粥。

立夏节气民俗 ｜ 京都葵祭迎夏

自从十几年前开始研究节气，我看待事情就常常有了更宽广的视角，譬如读中国诗词，就不只是因字生义，而是会想到诗人词人写作的时空与天文背景，而在参加某些节日庆典时，也会有更多的想象。

就像日本京都的葵祭，每年五月十五日从京都御所①浩浩荡荡到下鸭神社②，再到上贺茂神社③。二十年前我头一次参加，只觉得身着古代夏装夏帽的神事人员非常美丽，后来心中有了节气之理，才恍然大悟：葵祭乃立夏祭啊！因为御所是天皇在京都最重要的社之所在，立夏迎夏神并不会在社中举行，而是要由天皇带领官员到社外迎夏。如果我不懂节气，大概不会想到葵祭亦是立夏祭。

前几年抽空又参加了一次葵祭，在上贺茂神社看到了一张海报，上面只用"社"一字来代表上贺茂神社。我一看，心里因共鸣而感动，知道还有人在乎社非神社也。上贺茂原是古代社之所在，称之为神社其实是降级了，天皇哪有天地大，硬称

---

① 京都天皇的寝宫，位于京都市中心上京区内，最初是作为天皇的第二宫殿而建成的。从1331年至1868年，这里主要用于居住，随着幕府的没落和明治天皇重掌朝政，新的皇宫移至东京。
② 正式名称为贺茂御祖神社，是京都最古老的神社之一，已经被指定为世界文化遗产。
③ 正式名为贺茂别雷神社，与下鸭神社齐名，是日本京都最古老的神社之一，已经被指定为世界文化遗产。

上贺茂神社只是向现实中的政治权威低头的结果。

另外,我还注意到这些年上贺茂神社正在推行一项葵复育的生态活动。何谓"葵"?即一种类似今日人们称为山葵的古代植物。葵只能生长在极为清净的水中,古代上贺茂一带的水源纯净,到处生长着葵。葵在立夏茁壮生长,葵祭亦是感念葵之所在就有纯净的水源的意思(古代没有水质检测的科学方法,因此当一个地方长不了葵时,也就代表水不干净了)。

如今上贺茂一带早就没有葵了,每年的葵祭,犹如哀悼死去的葵与死去的清净大自然。葵的复育,就是想找回生态的平衡,照今天的说法即环境保护运动。

原来山葵以前是平地葵啊!是人类把葵逼到了深山中。在京都参加葵祭,绝不只是参加一场热热闹闹的早夏健行文化远足,心中没有葵,就不会懂得立夏葵祭的真意。

立夏节气餐桌 | 立夏清凉食

夏季按五行的说法是火当令,身体内像小火炉般闷热,从血液到心脏再到皮肤都是热的。洗冷水澡、吹冷气只能降低体表温度,图的是一时的清凉,要真正解决身体的内热,最有效的方法当然是清凉从口入,通过食物养生调理的方式来清凉过一夏。

我小的时候曾和外婆一起住，学到了一些老前辈用食物对抗夏暑的妙方。外婆的后院有丝瓜棚架，绿莹莹的丝瓜累累地吊着，外婆每摘下一串丝瓜，就会用削下的丝瓜皮煮热水放凉了喝。在那个没有农药的年代，据说这种丝瓜皮煮出来的水特别清凉，可以去体热。丝瓜还可以制成丝瓜露，可以拿来洗脸，以治疗青春痘。剩下来的丝瓜用途可多了，可做成台湾民间常见的丝瓜面线，只用煸过的葱油去炒丝瓜，加点水煨一会儿，再放入煮好的面线，就成了既去火又开胃的夏日轻食。

丝瓜是夏日盛品，除了丝瓜面线，外婆还常做丝瓜炒豆腐、丝瓜煮蛤蜊、丝瓜蚵仔汤，或煎潮州式的丝瓜烙（丝瓜切成细条，放进番薯粉中加水调至黏稠，用菜油煎成饼状），还可以把丝瓜蒸熟，加入酱油、麻油、米醋，就成了一道可口清爽的凉拌菜。

夏日是瓜的时光，春草、夏瓜、秋果、冬根，本是四时季节循环的食令。外婆的夏日厨房中，一定会有各式各样的瓜：大黄瓜炒肉丝、大黄瓜煮排骨汤、油煎大黄瓜片，小黄瓜蘸胡麻酱生吃，用酱油、大蒜、醋凉拌小黄瓜，小黄瓜一根一根蒸软了加糖、醋、酱油，小黄瓜榨汁喝……大小黄瓜都具有强大的清凉作用。

西瓜也是夏日不可或缺的消暑水果。在外婆生活的年代，从不搞温室催化那一套不合天地季节规律之道，西瓜从不在冬日上市，就只是代表夏天的水果，而且天气愈热西瓜愈甜，只有在酷暑沙地上经太阳曝晒后采摘的西瓜，才又沙，又甜，又多汁。以前用自然农法种植的西瓜，一剖开就有一股扑鼻的西瓜香，那香味会在室内盘旋，连蜜蜂都会飞来。

早年外婆住的地方附近还有水井，用阴凉的井水泡凉的西瓜最清凉，外婆觉得比用冰箱冷藏过的好吃。后来长大后学品酒，才明白外婆的话有道理，因为冰箱温度太低，会降低西瓜的香气、甜度与风味，就跟用冰桶冰白葡萄酒比放入冰箱中冰要好是一样的道理。外婆的冰桶就是那一口井。

西瓜除了切来吃、打成汁，还可以留下西瓜皮来炖汤。另外，西瓜皮也有其他妙用，可以切块腌成咸菜，切丝炒肉丝，切粒炒毛豆，还可以用西瓜皮敷脸，据说有消炎美白的作用。

据《本草纲目》记载，苦瓜可清热解毒，夏天容易上心火、手脚发热、目赤鼻燥的人要多吃苦瓜。台湾的平民饮食里有一款卤肉饭，冬天配萝卜排骨汤，夏天就配苦瓜排骨汤。广东人在夏天爱吃苦瓜炒牛肉，除了苦瓜性凉，牛肉也是养阴的食物，不像鸡肉是助阳的，因此怕上火的人夏天要少吃鸡。

食物的苦不只可清心，亦可明目。小时候夏天和外婆去市场，都会看到老人家喝苦茶。我央求喝一口，却立即吐了出来。还是小孩子的我不明白大人为何要自找苦吃，如今到了也爱喝苦茶的年龄，才明白外婆说的道理。外婆说苦味对身体最好，苦味过了会回甘，但甜过了头就会变成苦。原来苦茶有如人生，人生要先苦后甜，千万不可先甜后苦。

夏瓜中当然不可少了冬瓜。冬瓜这名称真奇怪，明明在夏天盛产，为何叫冬瓜？或许其中一个原因是冬瓜耐存，可以从夏天摆着一直吃到冬天，才有了冬瓜之名。

外婆会用冬瓜煮排骨汤，但本家南通的老爸则爱用冬瓜煮火腿汤，汕头管家陶妈妈在夏天时最喜欢用姜丝煎冬瓜后浇上酱油、糖、醋，这是一道好吃极了的平民小食。为什么要放性微温的姜丝呢？因为冬瓜性很凉，年纪大的人常有胃寒的问题，加姜丝可以平衡一下。同理，所有的夏日凉性食物，体质过热的人都不用放姜，而体质较寒的人就可以用姜调节一下。孔子曾说"不撤姜食"，他老人家的体质想必是寒性的。

冬瓜也可以做成冬瓜茶，是夏天的凉饮。外头的冬瓜茶都是用焙好的冬瓜糖煮的，但外婆的冬瓜茶却是用炭炉小火慢熬加了冰糖的冬瓜块，熬十几个小时后，冬瓜和冰糖都化成泥了，再煮成汁放凉后冰镇喝，比外头卖的冬瓜茶要有滋味多了。

夏天是吃凉饮的季节。现在的人喝的各种汽水，其实一点儿都不消暑，喝了只能降低身体表面的温度，身体内部反而会上虚火。真正的凉不在于饮料的温度，而是饮料的凉性，像苦茶也可以喝温的，反而更降火。

夏日凉饮可以是各种清凉茶，台湾人叫青草茶，广东人叫凉茶，都是按各种当地不同的草药配方制作的。台湾民间现在还有不少古老的青草铺，可以针对身体的不同症状，如牙龈胀、喉咙痛、头发昏、手心热等夏日不适，配出各种青草凉茶。

绿豆汤也是夏天的凉品。老一辈的店家，每年五月到十月的半年卖凉绿豆汤，十一月到来年四月改卖热红豆汤，尊重的是食物的时令特性。现在的人却冬夏既卖绿也卖红，真是"红配绿，狗臭屁"，一点儿都不顺天应时。绿豆汤的功效真的很强，有一年夏天我在马路上走了太久，头发昏，都快中暑了，来到一家小店喝了一碗绿豆汤后立即全身降火，恢复了清凉。

以前的店家冰绿豆汤，绝不会直接在绿豆汤里加冰块，而是在大桶中放冰块冰水，隔着冰块去镇凉绿豆汤，这才是所谓冰镇的原意。冰块虽然凉却非凉性，直接加冰块不仅会破坏绿豆汤的滋味，而且会减弱绿豆汤的凉性效果。

除了绿豆汤，夏天的绿豆粥是爸爸的最爱。夏日夜晚煮上一大锅绿豆粥，不管是热粥配凉菜吃，还是放凉了加糖当凉甜粥喝，都是夏天家庭饭桌上常出现的晚膳。

绿豆还可以加海带煮排骨汤。排骨在夏天很好用，因为夏日要补充元气，却不适合用温性或热性的鸡、羊。排骨有骨髓，对筋骨也好，遇到胃口不佳的中午，可以来一碗番茄排骨糙米粥（童年时的夏天每周都会在我家餐桌上出现）或莲藕排骨糙米粥。糙米还可以预防夏日频发的脚气病。

夏天要多喝蔬果汁。西瓜可加菠萝打成汁，也可加西红柿榨汁，酸酸甜甜的风味比单纯的西瓜汁好喝。台湾流行喝苦瓜蔬果汁，苦瓜加西芹、菠萝、苹果，或加柳橙、木瓜，或加番石榴、葡萄打成汁，都是清凉又鲜香的蔬果汁。

说到蔬果汁，其实南欧的夏天也很热，也有各种夏日凉食，像西班牙南部的安达卢西亚就流行一道西班牙冷汤，很像综合蔬果汁，只是比较浓稠。此冷汤是受北非摩尔人的影响制成的。把熟西红柿、青椒、大黄瓜、洋葱、西芹等蔬菜打成蔬泥，加盐、黑胡椒、红酒醋、辣汁调味，就成了名菜西班牙冷汤，是我夏天在西班牙旅行时一日不可无的精力汤。

意大利人有一道西西里西红柿冷汤，用打好的西红柿汁配上罗勒、橄榄油、盐、醋，像简单版的西班牙冷汤。意大利托斯卡纳地区的冷汤，则是把煮熟的白豆打成泥，放冷后加橄榄油、盐配乡村面包，是穷人的夏日元气汤。

法国南部普罗旺斯一带盛产哈密瓜，哈密瓜加薄荷叶打成的稠稠的果汁，常常是南法晚膳的开胃汤。蔚蓝海岸的尼斯受阿拉伯人的影响也有一道冷汤：茄子煮熟去紫皮，用茄泥打成汁，加橄榄油、盐，配上尼斯流行的白黎豆泥做成的烤薄饼最对味。

日本人夏天爱以冷清酒配荞麦凉面，也吃冷煎茶泡的茶渍饭，还有冷奴（冷豆腐）、水无月（冰冰凉凉的京果子），还吃凉凉的鳢鱼丝蘸梅酱和冷汤叶（冷腐皮），再加上据说可祛暑的茄子田乐烧，这些都是日本人喜欢的长夏清凉食。

夏日吃清凉食，不仅可以防暑，而且因为吃得风雅，心境也就安静清凉起来，若加上摇摇蒲扇，窗上装面竹帘看光影晃动，再听首水动风凉夏日长的昆曲，长夏也可以过得清凉自在了。

立夏节气旅行 ｜ 欧洲尝三新

按《吕氏春秋》所记，古代中国的天子在立夏节气除了迎夏，还有尝新的活动，后来民间也学天子所为，在立夏日聚在一起，品尝初夏的时令食物。最常见的尝三新是梅子、樱桃与稷麦。在欧洲生活期间，我发现当地虽无立夏之说（欧洲人重视的夏节是夏至），但每年五月初开始，却也有几种新上市的食物是当地人衷心盼望的。其中之一就是白芦笋。就如"夏"的古意是大，早夏来了，白芦笋才会长得肥肥大大，从荷兰到法国再到意大利北部，五月新上市的白芦笋虽然所费不赀，但还是有不少人肯掏荷包来尝新。

迄今每年五月初，在台北的我都还会怀念吃新鲜白芦笋的情景。最简单的吃法，只要将白芦笋蒸熟或烫熟，浇上油醋调和的酱汁，就可大快朵颐起来。也有人喜欢蘸美乃滋，我却觉得白芦笋有自己的浓郁之味，不宜再搭浓稠之酱，要配清爽些的酱汁。

吃白芦笋最过瘾的记忆是在巴黎。巴黎虽非产地，但巴黎人懂得吃白芦笋的情趣。在早夏五月的风中搬出的露天座椅上，白芦笋当令的法文已经写在黑板上。叫一客白芦笋，白色大瓷盘中躺着九根壮硕的白芦笋供一人独吃，那清甜芳香的滋味令人陶醉，再配上半瓶卢瓦尔河流域果香丰富的馥郁白酒，是我旅法最甜美的记忆之一。

五月初的伦敦，英国人开始品尝新上市的草莓。吃法是把刚上市不久的草莓拌着现打的鲜奶油吃。因为地处温带，英国的草莓特别松软（中国台湾地区的草莓口感较脆），也不会那么甜，配上香郁蓬松的鲜奶油特别合适，再加上英国五月的气候仍带微凉，多吃鲜奶油也不会腻口。

有一年去荷兰，发现荷兰人疯狂嗜吃的新鲜鲱鱼也在五月初上市，街上会突然增加一些有牌照的临时摊点，专门卖腌渍好的生鲱鱼。嗜吃的人们就站在天光下，手里抓着一只一只鲱鱼，仰着头，径直往嘴里灌。据说这样不雅的吃法最能品出滋味，大概是跟长嘴鹈鹕学的。

我在阿姆斯特丹时，也迷上吃生鲱鱼，天天在街上寻找不同的摊家，比较谁家腌的鱼最合口味（因为是自制，每家的香料、醋、咸淡均不同，大家的偏好都不同，适口为珍）。后来只要在不同的季节去荷兰，我都因没有鲱鱼摊而怅然若失。人在台湾，最怀念的荷兰事物竟然也是生鲱鱼，真怀疑自己上辈子有一世是爱吃鲱鱼的海鸟。

立夏节气诗词

《池上早夏》

［唐］白居易

水积春塘晚，阴交夏木繁。

舟船如野渡，篱落似江村。

静拂琴床席，香开酒库门。

慵闲无一事，时弄小娇孙。

《寓言二首》

［唐］贾至

春草纷碧色，佳人旷无期。

悠哉千里心，欲采商山芝。

叹息良会晚，如何桃李时。

怀君晴川上，伫立夏云滋。

凛凛秋闺夕，绮罗早知寒。

玉砧调鸣杵，始捣机中纨。

忆昨别离日，桐花覆井栏。

今来思君时，白露盈阶污。

闻有关河信，欲寄双玉盘。

玉以委贞心，盘以荐嘉餐。

嗟君在万里，使妾衣带宽。

《首夏》

[唐]鲍溶

昨日青春去,晚峰尚含妍。

虽留有馀态,脉脉防忧煎。

幽人惜时节,对此感流年。

《山亭夏日》

[唐]高骈

绿树阴浓夏日长,楼台倒影入池塘。

水晶帘动微风起,满架蔷薇一院香。

《山中立夏用坐客韵》

[宋]文天祥

归来泉石国,日月共溪翁。

夏气重渊底,春光万象中。

穷吟到云黑,淡饮胜裙红。

一阵弦声好,人间解愠风。

《四月旦作时立夏已十余日》

[宋]陆游

京尘相值各匆忙,谁信闲人日月长?

争叶蚕饥闹风雨,趁虚茶懒斗旗枪。

林中晚笋供厨美,庭下新桐覆井凉。

堪笑山家太早计,已陈竹几与藤床。

《闲居初夏午睡起二绝句(其一)》

[宋]杨万里

梅子留酸软齿牙,芭蕉分绿与窗纱。

日长睡起无情思,闲看儿童捉柳花。

《初夏》

[宋]朱淑真

竹摇清影罩幽窗,两两时禽噪夕阳。

谢却海棠飞尽絮,困人天气日初长。

节气 8 小满

阳历 5月20日—5月22日 交节

立春
雨水
惊蛰
春分
清明
谷雨
立夏
小满

小满节气文化

小满是夏季第二个节气,始于阳历五月二十日至五月二十二日之间。此时太阳运行至黄经六十度的位置。小满之名的由来是物候现象,因早收的初夏作物此时快要成熟了,但又不是完全成熟,才称作小满。

在节气俗谚中,有"立夏小满,雨水相赶"之说。因农作物成长需要雨水,雨水足则作物长得快,亦有"大落大满,小落小满"之说，雨下得愈多，则当年愈有大丰收。

在《月令七十二候集解》中，小满的三候现象为"苦菜秀""靡草死""麦秋至"，意即夏天苦菜盛产，苦菜可清心明目，是解夏热的当令食物；而夏阳充沛，喜阴的各种野草此时开始枯死，要小心引发野火；早收的麦子此时快要可以收割了，小满也象征农人心灵的小小满足。

小满在八卦中主乾卦，六个爻全是阳爻，有阳盛阴绝之意。小满时阳气过旺，有心血管疾病者要特别注意身体，因为满则招损，夏火又伤心。

中国民间认为，小满节气时会遇上神农大帝的生日，除了因神农氏主管五谷丰收，还因他曾为世人尝百草治病。小满正是民间药人采百草、晒百草的旺季，用百草制成各种草药茶、草药膏，可用来防治从小满起频发的各种夏疾。

小满时最要注意的身体疾病是各种皮肤顽疾，如荨麻疹、汗疹、湿疹等等，这些皮肤病都和身体的内热有关，光擦药膏是不能根治的，要食用清凉的药草及食物来化解。有利于清热解毒的食物有冬瓜、薏仁、绿豆、黄瓜、芹菜、荸荠、木耳、莲藕、西红柿、西瓜，这些夏季盛产的时令食物都是民间消暑之物。记得我小时候，家里一到夏天就常常煮绿豆粥配凉拌黄瓜、煎姜丝冬瓜、芹菜炒豆腐等等，饭后再来一大片西瓜或小玉瓜[1]，这样的夏食想来真清凉。

---

[1] 又名笋瓜、北瓜、西葫芦。

小满亦是夏果旺季。白居易有诗云"五月枇杷正满林",民谚亦有"梅子金黄杏子肥,榴花似火,桃李新熟,蜓立荷角"之说,真是一片夏日田园好光景。小满的农事诗不少,欧阳修就写过一首《归田园四时乐春夏二首(其二)》:

> 南风原头吹百草,草木丛深茅舍小。
> 麦穗初齐稚子娇,桑叶正肥蚕食饱。
> 老翁但喜岁年熟,饷妇安知时节好。
> 野棠梨密啼晚莺,海石榴红啭山鸟。
> 田家此乐知者谁?我独知之归不早。
> 乞身当及强健时,顾我蹉跎已衰老。

古人今人其实同心,现代人也想早早退休过清闲生活,却无法退出红尘俗世,读此诗不免心有戚戚焉。"乞身当及强健时,顾我蹉跎已衰老",我虽不做农事,但勇于四处旅行,就是怕蹉跎衰老而不能再云游天下。

小满相传也是蚕神的生日。小满临初夏,正是蚕茧结成、准备缫丝之时。江浙养蚕人家会在小满前后三日,由丝业公会出钱演一周大台戏祭蚕神,演出的戏中不可出现死人或私生子,因死、私同丝音,怕坏了缫丝的大事,影响了当年的收益。

小满时节,有些人会有脚气病与汗斑导致的不适,要少食温热助火的食物，如生蒜、生姜、生葱、芥末、辣椒、胡椒、韭菜、桂皮、海鱼、虾、鹅、羊等等，多食绿豆、海带、百合、冬瓜、鲫鱼有助于改善脚气病。

小满时人体容易疲倦，要多补足睡眠。夏日午后若能小睡片刻，有助于元气的凝聚，所谓夏日炎炎正好眠，指的不是晚上就寝，而是午后小寐。五月下旬，天气已渐热，温暖的南风阵阵袭来，小满时日光明媚，有首不知名的农业诗颂赞此时光景：

大吉大利随天定，常态长新任自然。
万事强求难有影，年年小满杏长圆。

节气中有小满而无大满，人生求小圆满就好，只有佛法修道才会谈大圆满。

小满节气民俗 | 神农大帝诞辰

相传神农大帝在小满节气期间过生日（农历四月二十六日）。神农大帝即古代神话人物神农氏。神农尝百草管五谷，后代人要想植物丰收，当然得拜神农大帝，而小满是植物开始成熟之际，此时更需要神农大帝的照顾，借着神农诞辰（这也是人替神安的生日吧）的名义，好好为神祝寿一番，当然也有替植物讨好求恩之意。

神农氏，一说即炎帝，以火德王自称（故生日也在主火的夏天）。"炎黄子孙"这一说法中的"炎黄"，指的即是炎帝和黄帝二人，可见神农大帝的重要性。

神农氏教先民识五谷，也被尊为五谷先帝。早期来台的初民以农耕为主业，因此台湾各地以农业为主的地方，如漳州人、客家人的聚集地多有神农宫。但以贸易商业为主的地区，如泉州人的聚落，则多祭拜保佑过海的妈祖。

传说神农姓姜，因此台湾姓姜的客家人也都会认神农氏是客家人的先祖加以祭拜。台北旧芝兰（士林）地区是漳州人聚居之地，乾隆六年（一七四一年）于芝兰街建造神农宫，俗称旧街庙，位于今日士林区前街七十四号。传说神农宫在昔年漳泉械斗时屡现神迹，这座历史悠久的神农宫主神即神农大帝，但前身却是奉祀福德正神（土地公）的庙宇，也可看出民间对掌管土地的不同位阶的神格观念。

小满节气餐桌 | 夏日水果滋味佳

台湾是水果天堂,一年四季出产不少特色水果。许多观光客来台湾旅行,第一个晚上就会上街去买新鲜水果回旅馆大享口福。

夏季是水果盛产期。小满之后的五月天,产期只有一个月的玉荷包荔枝就上市了。玉荷包长得圆形带尖,颜色是红中带黄绿色,果肉特肥,清甜多水分,果核极小,是荔枝中的极品。芒种过后的六月天,黑叶荔枝就跟着上市。黑叶荔枝色泽艳红,果肉较脆,除了当水果,还特别适合入菜。

五月、六月天,台湾土杧果及爱文杧果也正当令。土杧果甜中带酸,有一股清香味,爱文杧果特别甘腴,可用来做杧果冰、冰激凌、杧果布丁,打成杧果牛奶汁也好喝。

热天的菠萝最甜,早年台湾靠外销菠萝赚了不少外汇。菠萝切片蘸盐、做成凤梨冰或打成菠萝汁都很好吃,也很适合和火腿、肉松一起做出台湾人特爱吃的菠萝炒饭。

夏日最消暑的水果非西瓜莫属了。西瓜四月就有,一直可以吃到十一月,但六月、七月的西瓜是正产期,老人家会说此时西瓜特别甘甜,又有沙瓤,吃起来口感特好。西瓜是凉性水果,可以解体内热气,和杧果(中性)、荔枝(热性)这些温热性水果配在一起吃最好,怪不得台湾人说西瓜是水果之王。

百香果也是夏季水果，但许多人不太懂得吃。百香果最适合打成果汁喝，要么就混合糖水浇在清冰上吃，或者在吃冰豆花时，剖开一颗百香果放入其中，吃来有意外的惊喜。

夏天时众瓜登场，除了西瓜，还有香瓜、梨子瓜、美浓瓜、状元瓜等等，只要天气够热，瓜都好吃。这些瓜各有风味，除了单纯切片吃，也适合学意大利人配生火腿吃、拌成鲜瓜沙拉吃或做成鲜瓜盅。

酿酒的葡萄要在秋末采，但当水果吃的葡萄的正产期即是六月、七月。这时的巨峰葡萄颗粒饱满，口感丰富，滋味鲜甜，鲜食最好，打成葡萄汁也不错。

荔枝下市后，龙眼就跟着上市。龙眼在夏末最好吃，但秋风一起，龙眼就过甘了，较适合做龙眼干，不适合当鲜果吃了。龙眼和荔枝一样也是热性水果，不宜多吃，但每年上市，不吃些清香甜甘的龙眼，总会觉得夏天还没过完。龙眼除了鲜食，做成糖水炖品也很好吃。

台湾夏日水果滋味佳，如今已经成为销往大陆的抢手货。炎炎夏日，别忘了吃鲜果度夏。

小满节气旅行 | 夏日在意大利吃苦

小时候一到五月末，外婆就开始熬苦茶，煮苦瓜排骨汤，那时以为华人特别爱吃苦，长大后住欧洲，才知道古老的民族都懂得夏天火旺、苦味可清心的道理。

欧洲中最爱吃苦的大概是拥有古罗马文明的意大利人了。南欧夏天来得比北欧早，五月底就可感受到微微的燠热，此时也是意大利各式冷盘沙拉上菜之际。沙拉中最常用到的芝麻菜，其实就是苦菜。台湾这几年也栽培芝麻菜，但吃来不苦。我在意大利旅行，从北部吃到南部，发现芝麻菜要到罗马才真正会发苦，可见是否有苦味大概跟阳光是否充足有关。我一向觉得苦菜、苦瓜就要苦才算数，否则干吗吃，现在的人喜欢吃不苦的苦瓜，那还不如吃甜瓜。

苦芝麻菜除了放入综合沙拉，也常单独和西红柿、水牛奶奶酪或生牛肉、帕玛森奶酪[①]一起当成前菜吃。罗马人还喜欢把芝麻菜放在烤比萨上吃，这些都是意大利人在夏日最喜欢吃的食物。我在意大利旅行途中，也几乎三天两头吃这些。

另外，意大利人尤其罗马人也嗜吃另一苦味，即朝鲜蓟。朝鲜蓟可以称为南欧的笋，吃法跟笋也有近似之处：煮熟剥

---

① 一种意大利硬奶酪，经多年陈熟干燥而成，色淡黄，具有强烈的水果味道。帕玛森奶酪用途非常广泛，不仅可以擦成碎屑，作为意式面食、汤及其他菜肴的调味品，还能制成精美的甜食。

皮，吃里面的心。朝鲜蓟也有微苦之味，一般会蘸油醋调和苦味。我记得小时候吃笋也会吃到苦味。现在的人会说，把笋煮透或采笋时不要见阳光就不会有苦味，但我怀疑，有苦味的笋会不会反而对身体比较好？一物有一物的天性，如果老天不要它苦，它怎么会苦？我们也许应当学习吃食物的自然天性吧！

台湾人夏天爱喝苦的苦茶，意大利人则爱喝苦的草药酒。从五月下旬开始，随着露天座椅摆放在户外，意大利人从中午到黄昏再到深夜，只要坐下来叫饮料，十之八九会叫几种红色的开胃酒，也许是叫金巴利（Campari）、阿佩罗（Aperol）或Select等。这些甜中带苦的酒会掺上苏打水或普罗塞科（Prosecco）起泡酒或气泡矿泉水。意大利人相信这些苦酒可以清凉消暑去体热，这真是我听过的最美好的喝酒理由。

人体就像个小宇宙，小满宣告季节的成熟，身体成熟了，体内当然就会有内热，古老的民族都比较相信自然阴阳平衡那一套（拉丁语也讲究名词、动词的阴阳变化）。夏日在意大利把吃苦当吃凉药，也是旅行的乐趣。

小满节气诗词

《晨征》

［宋］巩丰

静观群动亦劳哉，岂独吾为旅食催。

鸡唱未圆天已晓，蛙鸣初散雨还来。

清和入序殊无暑，小满先时政有雷。

酒贱茶饶新而熟，不妨乘兴且徘徊。

《自桃川至辰州绝句四十有二》

［宋］赵蕃

一春多雨慧当悭，今岁还防似去年。

玉历检来知小满，又愁阴久碍蚕眠。

《缫车》

［宋］邵定

缫作缫车急急作，东家煮茧玉满镬，

西家捲丝雪满籰。

汝家蚕迟犹未箔，小满已过枣花落。

夏叶食多银瓮薄，待得女缫渠已着。

懒归儿，听禽言，
一步落人后，百步输人先。

秋风寒，衣衫单。

《小满农事歌》
佚名
小满温和春意浓，防治蚜虫麦秆蝇。
稻田追肥促分蘖，抓绒剪毛防冷风。

《小满将临连阴雨忽忧农事》
佚名
小满将临禾望熟，谁知大雨几连阴。
麦需晴日晒方好，花惧狂风折欲沈。
初岁还忧天炎炎，此时惟觉水森森。
屡叹造化不由我，空虑农田一片心。

节气 9 芒种

阳历 6月5日 — 6月7日 交节

立春
雨水
惊蛰
春分
清明
谷雨
立夏
小满
芒种

芒种节气文化

每年在阳历六月五日至六月七日之间，太阳运行至黄经七十五度，此时是二十四节气中的第九个节气芒种。农谚"芒种忙忙种"的意思是在芒种前，该种的夏季禾谷类作物都要种完，过了芒种再种，农作物就不容易存活了。

在八卦中，芒种对应的卦象是上有五个阳爻，下面一个阴爻，代表阳气已走到尽头，阴气逐渐出现，此乃物极必反、阴阳相生的天地之理。

《月令七十二候集解》中，芒种的三候现象为"螳螂生""䴗始鸣""反舌无声"，其意为螳螂在去年深秋产的卵，在芒种时因感受到微微的阴气而生出小螳螂，喜阴的䴗鸟（古书指伯劳鸟）在枝头因感阴而鸣，但善模仿的反舌鸟反而在此时因感应到阴气而无声了。大自然的阴阳之理反映在不同的物类上，变化多端。

芒种期间，农作物需雨，此时也正是长江中下游一带的黄梅天，持续半个多月的多雨时节，对禾谷的生长很重要。根据《江南志书》，黄梅天入梅时间为芒种后第一个壬日（例如二〇一五年芒种为六月六日，入梅日为六月十五日），出梅时间则为夏至后第一个庚日。

和芒种有关的诗词，与农事关联甚多，如诗人陆游的《时雨》：

> 时雨及芒种，四野皆插秧。
> 家家麦饭美，处处菱歌长。
> 老我成惰农，永日付竹床。
> 衰发短不栉，爱此一雨凉。
> 庭木集奇声，架藤发幽香。
> 莺衣湿不去，劝我持一觞。
> 即今幸无事，际海皆农桑；
> 野老固不穷，击壤歌虞唐。

芒种时天气已愈来愈热，下些雨会降低气温，尤其像陆游这般躺在竹床上，更能感受到雨带来的沁凉。衰发短不栉的老态，形容得真传神。

清代雍正皇帝也写过一首芒种诗《耕图二十三首·其十·插秧》：

> 令序当芒种，农家插莳天。
> 俟分行整整，停看影芊芊。
> 力合闻歌发，栽齐听鼓前。
> 一朝千顷遍，长日正如年。

果然是皇帝，一首诗写得如论政，农田里的禾谷仿佛朝廷的百官上朝，整首诗念下来，音韵有如行军进行曲。

普能嵩禅师的《净土诗》这么写道：

> 芒种农人处处忙，弥陀一句未曾忘。
> 年丰霉雨抽苗早，岁稔和风吐穗芒。
> 耕种耘田终是苦，秋收冬熟聊安康。
> 娑婆岁岁皆劳力，净土时时最吉祥。

这首诗用农事谈人间苦，佛家用语"净土"此时别有一番含意，原来田野间一片空时才是人心净土，"弥陀一句未曾忘"，可感受此诗的佛心入世。

芒种时适逢农历五月，古人认为五月是百毒之月，到农历五月五日更毒，所以古人在端午节时要在门楣挂艾草、菖蒲避邪驱毒。端午一过，就到了真正的夏天，天气也愈来愈热。台湾民间说"未食端午粽，破袭不敢送"，即在端午前不要典当御寒的衣物，仍要小心夜雨凉气。

在《红楼梦》第二十七回中，曹雪芹写过和芒种相关的风俗，即在交芒种节时，要设摆各色礼物，祭饯花神，因芒种一过，众花皆谢，花神退位，须要饯行。大观园中的女眷更兴此风俗。大观园里的那些女孩子，或用花瓣柳枝编成轿马，或用绫锦纱罗叠成干旄旌幢，或用彩线系在每一棵树、每一枝花上，满园里绣带飘飘，花枝招展。这些姑娘更是打扮得桃羞杏让，燕妒莺惭，真是昳丽生辉，只是这般百花盛景却快要结束了，曹雪芹也在此暗喻了后来众姑娘的退场。曹雪芹写大观园就像世间众生众物的舞台，许多事情都随着四季节气上演与落幕。

芒种已无花可看，却有夏果可吃。台湾有名的杧果都在芒种前后上市，还有荔枝、菠萝、西瓜都是当令水果。芒种时梅子也已结果，但梅子不宜现吃，要酿梅，因此五月酿梅也成为芒种的重要节气活动。南方加紫苏酿青梅，这是从中国夏朝就有的食俗，如今也是日本人重要的食俗。北方人酿的是乌梅，和甘草、山楂、冰糖一起煮成酸梅汤，盛夏时喝来真消暑；南方人酿青梅，台湾的青梅金橘冰茶好喝极了。

在饮食方面，芒种节气天气炎热，体质实热的人容易发热，常觉得口干舌燥，在此时节可多食猕猴桃、香瓜、西瓜、莲藕、黄瓜、荸荠等。但虚寒体质者食用夏令水果，则宜选荔枝、番石榴、桂圆、榴梿、杏、樱桃等。

芒种时节蚊虫滋生，不想总被虫蚊咬者，可多吃大蒜防蚊，因为蚊子怕人体发散的蒜味；如不喜吃蒜，在屋内屋外养些玉兰花、夜来香等亦有助于防蚊，因蚊子不喜欢花香，原来袭人的花香也有防蚊作用。今年我家阳台上种了不少夜来香，夏夜坐在阳台上吹风就不怕扰人的蚊子了。

芒种节气民俗 ｜ 端午节艋舺早市

端午前日，一夜大雨，果然从小满起就该入梅了，风调雨顺至芒种，夏季作物才会长得好。

清晨六时许起身，忽然有闲情想出门逛个早市。先去广州街周记喝碗咸粥配炸红糟肉，这是童年吃起到今日吃了四十多年的美味，酥脆甘腴的五花肉从不曾让人失望，传统的台式肉汤稀饭也依然充满古早味。

早粥吃毕，心满意足地从昆明街去往东三水街市场，从后门进入。这个狭长的日据时期的街廊老市场，横跨了康定路与昆明街的长街，仍保持着不少传统市场的风味，例如可以买到连枝叶的莲雾，卖鸡的不用问，卖的一定是土鸡。吃鸡一定要吃土味，否则不如不吃。台式卤猪肝铺满了摊台，鱼摊上卖的多是季节旬鱼[①]。

最有意思的是，因为次日是端午，许多摊家都兼卖着端午日用的香草。有挂在门上的菖蒲、榕叶和艾草，放眼看去，买菜的妇女提篮中都放了一两串。还有可用来洗香草浴的香茅和艾草成堆摆放，店家还特别揉碎了新鲜的香茅草让客人闻，我也买了一丛，回家洗澡好除疫驱邪。在充满流感病毒威胁的今日，不知老式的香草疗法是否有用？

卖粽子的当然更多，卖北部粽、南部粽、碱粽、客家粿粽等等。这些都是新鲜的粽子，还有当天买当天吃的风味，不必冷冻囤货，客人也是零买的居多。

芒种前玉荷包荔枝正当令，我买了一些略泛青绿尖头的玉荷包，价格比东区超市便宜不少，刚好折抵了路费。

出了东三水街，便往西三水街前行。在三六粿店买手工制的仙草，之后绕到青草巷去喝难得喝到的地骨露。沿着西昌街往贵阳街走去，发现西昌街上不到八时半，竟然就已有不少游女站街开市做生意了，一向说艋舺有不少老行业，没想到人肉

[①] "旬"指"当季的"，"在某地方，一年之中只有这时才有的自然景色、野味"。

市场竟也时兴早市。

走到艋舺最古老的番薯街，即今日的贵阳街二段，在亭仔脚下吃了一碗米粉汤配油豆腐。看着昔日华美、如今残破的红砖街屋，想着为什么无人可修复眼前的景象，任这些文化资产颓圮，终究有一天会无法收拾。

逛完直兴市场，到青山宫去拜了个早香，发现庙中拜早香的都是老年妇人，突然不知自己是还年轻还是正要老了。一大早看着庙中各种警世的格言，我陷入了深省。

老艋舺找不到可悠闲小坐的咖啡店，最后终于想到了龙山寺前的旧书店"莽葛拾遗"，可以叫一杯安溪铁观音或咖啡，在百年木头老屋顶下的石凳上小歇，听着南管，看着龙山寺广场前发呆的老人。

如此悠悠地过了一上午，见着了许多传统的、平民的生活。这里有着真实的生命力，当然比上海新天地那种老区更新建成的千篇一律的商业区要富有民间文化。老区是需要修复，却不可切断原本生活的根。

芒种节气餐桌　｜　土杧果与荸荠

现在流行吃的杧果冰用的是爱文杧果，一般人说到吃杧果，也以爱文杧果为主，但我最喜欢吃的杧果却是绿色的小小的土杧果。如今我只要想到杧果，浮现的记忆仍是土杧果那特殊的香气以及较粗的果肉纤维在嘴里咀嚼时的口感。

童年记忆里几次特别豪爽地吃土杧果的经历，都和外婆有关。外婆一年到头总是会在芒种当令时大买特买几回土杧果。那一次也该是芒种期间，她突然拎着一大袋上市不久的土杧果回家。当时我还在读小学三年级，正寄住在外婆家中。家中只有我一个小孩，因此吃喝都没人会和我争。我记得外婆在一只洗菜的水盆中，装了她说是附近水井打来的水，在水里放了十来颗已经洗过的青绿土杧果，让坐在八仙桌上的我一个人就着水盆吃杧果。我问外婆杧果为什么要泡井水，她说这样才会凉。那为什么不放冰箱冰？我又问。外婆说水果冰过了就不会甜了，放井水里会自然凉，比较好吃。外婆又说，杧果性热，井水阴凉，吃井水浸凉的杧果不太会上火。

我长大后问懂阴阳五行的人，外婆的井水杧果说有没有道理，他们都支吾以对，答不上话。也有人说我外婆胡说，但童年的我真的相信此话。吃了十颗土杧果的我，的确既没上火也没皮肤过敏，但如今长大的我却不能多吃爱文杧果，多吃两颗皮肤就会痒，是因为没有用井水浸凉吗？后来我才明白，杧果并非热性水果，而是凉性的水果，过敏和杧果皮有关，原来外婆用水泡杧果是为了洗掉杧果皮上的物质。

会把水果浸在凉水中的，不只有外婆，爸爸在芒种期间买新上市的荸荠，也会用水盆一面泡荸荠一面削荸荠深紫色的皮，继续让荸荠泡在水里是为了防止氧化变色。通常爸爸每削几颗，就会拿一颗给在旁等候的我。脆爽的荸荠吃来甘甜微涩，但正是那股涩味令人迷恋，有的食物就好在有特殊味道，如柿子不涩，就不像柿子了。

成年后，有一回仲夏在江南的同里小镇旅行。在水乡小巷中游走，耳边都是乡人听的黄梅调广播的歌谣声，眼前有不少妇人坐在大门边，正对着一口水盆削荸荠。她们身旁可没正在等候吃的孩童，这些削好皮的荸荠会装成一袋一袋卖到上海去，我这才想到爸爸一定曾经看过眼前这样的景象。

荸荠可去体热，又可预防痛风，爱吃大鱼大肉的爸爸一辈子没犯过痛风，不知是否和常吃荸荠有关。爸爸有几种吃荸荠的方法：刚削好皮最新鲜的当水果吃，放了一会的可用冰糖煮成甜荸荠汤吃，或煮荸荠排骨汤（夏天煮荸荠，冬天煮萝卜），有时也会把荸荠切片炒肉片和豌豆荚。

如今，土杧果和荸荠都不是流行的食物了，夏日偶尔在传统市场看到，我都会买回家一尝童年之味，也会兴起对亲人的思念之情。

芒种节气旅行 | 上海吃夏鲜

十几年前初夏，在上海小住，常常从一老妪处买新鲜的莲蓬。她提着一个竹篮，篮中不过三十多个莲蓬，都像还沾着露水似的。她总在住处附近襄阳北路的钟点早市出现，识货的人一会儿就买光了她的货。

她卖的莲蓬最宜生吃，水嫩清甜的莲子完全不带一丝苦味，但这样的莲蓬只要放置一下午，就泛着微苦了，再放置一夜，莲心中就会长起一小青丝，这时的莲子不仅略苦，而且略硬，就宜晒了做干货了。

盛夏时，是上海近郊松江的水蜜桃上市的时候。不少农家男女挑担在大街小巷卖皮粉肉嫩水汪汪的白桃，这些鲜嫩欲滴的桃子颇有上海女人的风味。盛夏时，上海女人流行穿嫩色的无袖连身洋裙，粉白的双肩和脸上现着的白里透红，其实是精心保养一年才能有的娇贵，就如同水蜜桃。

上海人也喜爱吃石榴。夏天石榴红时，小贩挑着担卖，并不便宜，当年就要人民币十元一个。要说石榴吃什么劲儿呢！全是刁吃着那一小粒又一小粒的红水晶球儿，微酸微甜又微涩的滋味在舌尖上打着滚。这样一颗石榴，无聊又有闲的少妇可以一下午慢慢剥着吃，吃得嘴角沾染那一抹隐约的艳红，对镜一照，心情也荡漾起来了。

芒种节气诗词

《芒种后积雨骤冷三绝（其三）》
　　［宋］范成大
梅霖倾泻九河翻，百渎交流海面宽。
良苦吴农田下湿，年年披絮插秧寒。

《芒种后经旬无日不雨偶得长句》
　　［宋］陆游
芒种初过雨及时，纱厨睡起角巾欹。
痴云不散常遮塔，野水无声自入池。
绿树晚凉鸠语闹，画梁昼寂燕归迟。
闲身自喜浑无事，衣覆熏笼独诵诗。

《葬花吟》（林黛玉在芒种当天所作）
　　［清］曹雪芹
花谢花飞花满天，红消香断有谁怜？
游丝软系飘春榭，落絮轻沾扑绣帘。
闺中女儿惜春暮，愁绪满怀无释处。
手把花锄出绣帘，忍踏落花来复去。
柳丝榆荚自芳菲，不管桃飘与李飞。

桃李明年能再发，明年闺中知有谁？
三月香巢已垒成，梁间燕子太无情！
明年花发虽可啄，却不道人去梁空巢也倾。
一年三百六十日，风刀霜剑严相逼，
明媚鲜妍能几时，一朝飘泊难寻觅。
花开易见落难寻，阶前闷杀葬花人，
独把花锄泪暗洒，洒上空枝见血痕。
杜鹃无语正黄昏，荷锄归去掩重门。
青灯照壁人初睡，冷雨敲窗被未温。
怪奴底事倍伤神，半为怜春半恼春：
怜春忽至恼忽去，至又无言去不闻。
昨宵庭外悲歌发，知是花魂与鸟魂？
花魂鸟魂总难留，鸟自无言花自羞。
愿奴胁下生双翼，随花飞到天尽头。
天尽头，何处有香丘？
未若锦囊收艳骨，一抔净土掩风流。
质本洁来还洁去，强于污淖陷渠沟。
尔今死去侬收葬，未卜侬身何日丧？
侬今葬花人笑痴，他年葬侬知是谁？
试看春残花渐落，便是红颜老死时。
一朝春尽红颜老，花落人亡两不知！

10 节气 夏至

阳历─6月20日─6月22日─交节

夏至节气文化

夏至,始于阳历六月二十日至六月二十二日之间,太阳到达黄经九十度的位置,亦是黄道十二宫中巨蟹宫的起点。夏至是古代一年八节中的一节,立春、春分、立夏、夏至、立秋、秋分、立冬、冬至,此八节定下了四季的关系。夏至时太阳在黄经九十度上形成夏至点,这一天阳光直射北回归线,是北半球白昼最长、黑夜最短的一天,正午的日影也最短。夏至亦是古代用土圭测日的时代最早被人们确定的日子，日影最长的一天则为冬至。

从夏至这一天起，北半球的白日一天比一天短，黑夜一天比一天长，所谓阳盛阴返，最阳的夏至即成反转点。夏至是阴阳争生死的时节，古代有一种名为"半夏生"的毒草，这种喜阴喜湿的植物在夏至开始生长，如今京都人在夏至日还在祇园的建仁寺展示半夏生庭园，让凡人悟得阴阳生灭之理。

夏至亦称"夏半"，即夏天走了一半了，天气虽然愈来愈炎热，但离立秋也只剩下了夏天的半程。夏半有如人生的中途，人到中年分外能体会夏半盛极而衰的意思。

在《月令七十二候集解》中记载的夏至三候现象为"鹿角解""蜩始鸣""半夏生"。古人认为鹿、麋虽然同科，但鹿的角向前生，属阳，麋的角向后生，属阴。夏至阴气生，鹿角在夏至因阴气生而开始脱落，但麋的角却要等到冬至才脱落。我迄今还没机会仔细观察鹿、麋脱角之事，但很想观察此一物候，因为真是太奇妙了。至于蜩始鸣，指的是夏天叫的夏蝉，即俗称的知了，雄性的知了在夏至因感应阴气而开始鸣叫，但另一种寒蝉却要到秋天才会鸣叫。至于半夏，也因感受到夏至的阴气而开始生长。

夏至有不少节气俗谚，如"夏至有雷三伏冷，重阳无雨一冬晴"。古人在夏至起开始数九来代表气温的变化，每九日为一伏，例如：一九至二九，扇子不离手，三九冰水甜如蜜，四九汗出如洗浴,五九树头秋叶舞,六九乘凉不入寺,七九床头寻被单,八九思量盖夹被,九九家家打炭墼。在没有气象报告的年代,至少可屈指数数,一年中最热的日子大概就是夏至过后的三伏天(小暑、大暑节气期间)。

台湾民间也有"夏至,风台[①]就出世"之说,意思是夏至后热带气流增加,台风侵台的概率就大了。这个谚语在我小时候的记忆中还挺真切,记得以前,台风很少会在夏至前扑台,但全球气候愈来愈极端,现在都没准头了。

夏至是中国古代的大节,清代之前,文武百官在夏至日都可放假,回家"歇夏",以避酷暑。民间也有歇夏的习俗,古代夏至日,人们还要避免外出,亦减少晒布、染布、烧炭活动,恐怕是因为这些工作都容易使人中暑。

夏至时人们还有在门户上系彩色丝带的风俗,如今,在日本京都还看得到人们在夏至时结五色彩带,据说可防百鬼,亦可除疫。

古人亦有"夏至防疰夏"的食俗,例如在夏至节研磨豌豆粉拌蔗霜为糕,杂以桃杏花红各果品,食之不疰夏(意思是不容易生夏天的疾病)。豌豆有退火祛暑的功效,中国西南云贵一带的人在夏天亦多食豌豆粉。除了豌豆,绿豆也有清凉退火之效。小时候在夏天我家晚饭就常吃绿豆粥,配上凉拌小

[①] 在闽南语中指台风。

黄瓜。

夏至食俗中还有"冬至饺子夏至面"之说。夏天多食面少食白米不易得脚气病，日本幕府时代的天皇就因只吃白米不吃面而易得脚气病。中国古代人爱食荞麦面，夏天吃凉面的多，尤其夏至正值新麦登场，夏至食面尝的可是新面，滋味特别好。

夏至是重要的节气，诗人自然会在此时节大抒感兴，白居易写过一首《思归（时初为校书郎）》，其中写道：

夏至一阴生，稍稍夕漏迟。
块然抱愁者，长夜独先知。
悠悠乡关路，梦去身不随。
坐惜时节变，蝉鸣槐花枝。

好诗反映了物我合一，借节气天地之变点出人间亦有变。年少时不懂"块然抱愁者，长夜独先知"，到了现在的年纪，偶尔也会在长夜独坐，惜时节之变。

白居易在另一首夏至诗《和梦得夏至忆苏州呈卢宾客》中这么写：

忆在苏州日，常谙夏至筵。
粽香筒竹嫩，炙脆子鹅鲜。

水国多台榭，吴风尚管弦。

每家皆有酒，无处不过船。

可见古人有夏至筵之食风，除了吃竹筒饭，还有烧鹅。今年何不邀亲朋好友来个夏至筵？

元曲中有两首和夏至有关的，读来都很令人开心，例如元杂剧《老庄周一枕胡蝶梦》中的《金盏儿》：

恰春到百花红，早夏至绿阴浓，秋来不落园林空。呀！早霜寒十月过，春夏与秋冬。今日是一个青春年少子，明日做了白发老仙翁。岂不闻百年随尹过，万事转头空？

哎呀！春花夏绿要懂得珍惜啊！一个青春年少子，明日做了白发老仙翁，人生真是匆匆又忽忽，万事转头空。还有一首《一半儿·风花雪月》：

花

春来杜宇遍青山，夏至芙蓉浮碧轩，冬到梅花铺玉峦。品和观，一半儿奇来一半儿仙。

人生不正是这回事，一半儿奇来一半儿仙，开开心心过日子最重要。

夏至节气民俗 ｜ 夏至节吃新面

中国汉代已有过夏至节和冬至节的传统，这两大节气是一年当中两个最重要的节日，比清明节还重要，宋代的官员在夏至时还会放假三天。夏至和冬至也是天子亲率三公九卿祭天拜地的日子。

夏至、冬至如今都不再是节日了，只是重要的节气，但节气不会放假，节日才可能会放假。二十四节气中只剩下清明既是节气又是节日，可见中华节气文明的体制如何在后世被改制与削弱，如今若要复兴中华文化，节气是重要的文明符号。

古代夏至是大节，除了官方会举行祭夏大典，民间也会大肆庆祝。夏至筵即民间在夏至这一天宴请亲友的筵席，吃的内容有土地上的三鲜苋菜、蚕豆、杏仁；树上的三鲜樱桃、梅子、香椿；水中的三鲜海蜇、鲫鱼、咸鸭蛋。但这么复杂的夏至筵并未流传下来，如今比较常说的夏至饮食是面食。这个食俗和天文现象有关：冬至的日光最短，天地仿佛合成一片混沌（如馄饨或饺子的形状），但夏至日光照射最长（面条细长的形状即代表长长的日光）。如今冬至吃饺子或馄饨、汤圆，在华人社会还很常见；反之，夏至吃面却较少听说。

夏至吃面，指的是吃新面，因夏至前正值稷麦成熟，有的地方没有新面，便改吃豌豆粉（但会切成条状似面）。日本人至今仍有夏至吃荞麦面的传统。

夏至吃面是有保健功能的，因为夏至容易患脚气病，吃面可预防此病。

夏至也有送彩扇的风俗。我记得小时候只要到了天气明显变热的夏至，家中长辈就会开始摇扇纳凉，其风情比吹冷气、电扇要雅致多了。华人现在摇扇的人很少，但我在京都旅行时，却看到不少妇女还在摇扇过夏至，看了也让人觉得清凉。

夏至节气餐桌 ｜ 清凉过长夏

有一年在夏至那一日，又打雷又下雨。到小暑，台北气温一日热三分，已逼近三十九摄氏度，到了会热到狂的大暑时节，恐怕要破四十摄氏度，当年的三伏天真是酷暑啊！

外在环境既然如此，人也只好面对，也不能光靠降低冷气度数来解决。其实在没有空调的时代，古人在适应酷暑生活时，也有许多调节之道。譬如台湾早年在长夏漫漫时，不少人家会在家中窗前装上竹帘隔热。我在南欧的西班牙、意大利一带旅行时，当地人也一定在上午十时左右热空气开始蒸腾前就关上玻璃窗阻隔热气，然后紧闭百叶窗阻隔光线，一直要到黄昏后才开窗。这样一天下来，室内就有种岩洞般的清凉，可以省下不少电扇及冷气机的电力，也尽了小小的环保之力。

我还记得外婆在盛暑时，会在夜里睡前储一大缸水备用，不是因为第二天要停水，而是盛夏时水龙头从上午到傍晚流出来的都是天然的太阳能热水，用来一点都不凉爽，但用静置了一晚的水来洗脸擦身就能透心凉，这也是生活中顺手的小智慧。

现在也很少见人用蒲扇了，其实扇子在夏天很好用。慢慢摇着，不仅有凉风吹，而且摇扇的动作会让人容易平静下来，正所谓心静自然凉。今年夏天大家一起来摇扇吧！

除了尽量创造外在的清凉，身体内的清凉更重要。这就得靠食物调节了，光吃冰喝凉水是不够的，只能降低身体表面的温度，对身体内部的清热降火并无效，冰吃多了身体反而会升虚火。中国民间传统中有许多夏日清凉食，像绿豆，可用冰糖煮成绿豆汤，冰镇了来喝，真消午后暑气，晚餐吃绿豆粥配小菜或煮绿豆海带排骨汤，等放凉了去掉油脂再当凉汤喝也可去暑热。夏日早上胃口淡，有时吃银耳莲子羹当早餐，吃完心里一阵凉，中午也可以吃莲藕排骨糙米粥或甜藕粉羹配醋藕片，一甜一酸，吃来别有风味。

炎暑要多补充水分，最好的补水方法就是多喝青草茶，可以清体热，也可把苦瓜、芹菜、苹果、菠萝打成综合果蔬汁，不仅补充水分，也补充多种矿物质。

酷暑时节一定要忌口，千万别祸从口入。油炸物、辛辣刺激物等一定要少吃，否则等于把热暑吃进肚。体内一火炉，体外又是火炉，谁人受得了？炎夏漫漫难度过，只能清凉过长夏。

夏至节气旅行 | 夏至京都花树纪行

有一年夏至前才在南村落的节气生活美学课堂上谈到夏至半夏生的物候现象，就有学员问半夏是什么。古籍上记载是一种有剧毒的植物，在夏至节气时茂生。

没想到，夏至后一日赴京都，才抵达京都车站，赫然看到车站大厅中贴着建仁寺两足院特别公开半夏生庭园的海报。原来中国古籍中记载的事，还有人在认真守护，千里迢迢，我终于跟半夏生结上了缘，第二日就赴建仁寺观半夏生。

每次闲逛祇园，一定会去建仁寺走走，于浮华花样的祇园之中，看着舞伎、艺伎的艳丽容颜，听着建仁寺中黄昏的乌鸦徘徊孤鸣，花街禅寺咫尺天涯，真是顿悟之地。我本来就很喜欢建仁寺，如今又知道寺中有庭园种着半夏，更是感慨。半夏是剧毒植物，微量可治病，但用量一拿捏不准，就会导致全身痉挛，麻痹死亡。禅寺种这样一线生死相隔的植物，也是禅机一味。

之后的几天，动了心这回要好好走一趟夏至花树纪行。一般人逛京都，最思慕的都是春樱行或秋枫游，偏偏你想的也是别人爱的，樱季期间，走到哪里都是游人如织，整条哲学之道上人头攒动，樱花热闹人也热闹，只可惜少了赏花的清雅。枫期也是，大原三千院中也都是人挤着人看红叶醉人，掩盖了原本庭园中石、杉、苔的幽静。

六月下旬是京都的旅游淡季，那年因为甲型 H1N1 流感，游客少到不行，漫步在哲学之道上的我们，整个下午竟没遇到超过十位行人，其中有一位穿着铁灰底浅绿荷叶纹样的中年京都女子手持绸扇慢步走来，也只有京都女人才能穿出这一身时令风情。

六月下旬的哲学之道，紫阳花一路茂盛地延展着深紫色、白色、粉红、粉紫的花团，却不见多少人来赏花，京都人真是被妖艳的樱花宠坏了。但我看着怒放的紫阳花，却觉得此花在炎夏时看了颇有让人静心的效果，尤其是紫阳花的紫色调，有着清凉的能量。后来我去岚山的天龙寺，庭园中也四处散植着盛开的紫阳，最令人惊奇的是大原三千院中有超过三千株的丛生紫阳，一片紫色花海，有如禅坐的花席。后来看资料，才知道种植紫阳花不只为观赏，还可勘测土壤的酸度，开出的紫阳花色彩愈艳丽，其花丛下的土壤酸度愈强。哎呀！原来愈美丽愈危险，紫阳花可提醒人们注意土地的环境保护。

除了紫阳花当令，还有季末的菖蒲。被称为水剑的菖蒲本是端午时节的节令植物，来京都前才去过台北植物园的我，当时见到的都是残花败叶的菖蒲，没想到来了京都，在平安神宫的西神苑，却看到花期末的菖蒲，再过几日就要凋萎谢落的花朵，此时却努力地释放着最后盛放的能量。

在台北植物园，六月下旬已是莲花满池，但到了南禅寺天授庵，池中的白莲却还含苞待放。在莲池边小坐，看庭园设计的小竹筒的水滴不断地"流淌"出一波又一波的水影天光，整个池塘有如变化不定的玻璃万花筒中的幻象，看得人都入定了。池本不变，风动水流，白莲在上，真是一方禅池。

天授庵也只能种植白莲，如果种的是台北植物园中娇艳的红莲粉莲，不知庵中的修行人要怎么按下红尘之心。

夏日亦是赴嵯峨野看竹的佳日。走进空灵的绿竹林中，难得也是游人稀少，空气十分沁凉，闻着暑热蒸腾过的竹叶气息，真想一路沿着竹林幽径无尽地走下去。

从前来岚山，都不曾顺着桂川往山里行，这一回为了避暑热，遂沿着山径绿荫愈走愈深，走进了龟山后背，再走到爱宕山的正面。桂川之水愈走愈绿，映照着天光树影，一路行来都无人影，终于识得了岚山真面目。

最后一日，安排自己先去下鸭神社。每回到"纠之森"（下鸭神社内的原生树林），都有不可置信之感，这里可是京都的市中心，竟还存有这种太古森林的景致，原生林相壮观清幽、御手洗川雅趣清凉，社中放着当年举办过的葵祭的影片。此次虽错过了盛会，但当日神社中几无他人，还可于林间独行漫步。才知道有时错过盛事也不可惜，只有如此的宁静，才真让人懂了太古之森的原始之心。

在下鸭神社旁的花折餐厅吃了口味十分清淡的鲭寿司后，决定此趟京都花树纪行就以上贺茂神社为最后的场景。

到了上贺茂神社旁，遇见一些年轻妈妈带着四五岁的小孩在神社前的"楢之小川"中戏水。这里的水十分清澈，小孩喝到水都不令人担心。我坐在离小孩戏水处不远的石瀑附近观水花，不过是几块大圆石的庭园设计，竟然就能展现如此惊人的水卷瀑涌。坐在溪旁观水瀑，看着看着都失了神，忽然了解，下鸭神社、上贺茂神社本无神，只有社。社乃神圣之土，人类最原始的感动与信仰都源于自然，但当人类愈趋向文明，离土地的能量愈远时，文明的统治者遂以神来超越社，神也从自然神、人格神再到国格神。但不是所有的日本人都已忘了神社的本质所在，在上贺茂神社中，我看到了呼吁民众捐款以恢复种植原生植物葵的海报，海报上只写了大大的"社"字，而非"神社"，这才是回到对土地尊敬的初心。

夏至节气诗词

《夏至避暑北池》

[唐]韦应物

昼晷已云极,宵漏自此长。

未及施政教,所忧变炎凉。

公门日多暇,是月农稍忙。

高居念田里,苦热安可当。

亭午息群物,独游爱方塘。

门闭阴寂寂,城高树苍苍。

绿筠尚含粉,圆荷始散芳。

于焉洒烦抱,可以对华觞。

《思归(时初为校书郎)》

[唐]白居易

养无晨昏膳,隐无伏腊资。

遂求及亲禄,黾勉来京师。

薄俸未及亲,别家已经时。

冬积温席恋,春违采兰期。

夏至一阴生,稍稍夕漏迟。

块然抱愁者,长夜独先知。

悠悠乡关路,梦去身不随。

坐惜时节变,蝉鸣槐花枝。

《和梦得夏至忆苏州呈卢宾客》

［唐］白居易

忆在苏州日,常谙夏至筵。

粽香筒竹嫩,炙脆子鹅鲜。

水国多台榭,吴风尚管弦。

每家皆有酒,无处不过船。

交印君相次,褰帷我在前。

此乡俱老矣,东望共依然。

洛下麦秋月,江南梅雨天。

齐云楼上事,已上十三年。

《夏至日作》

［唐］权德舆

璿枢无停运,四序相错行。

寄言赫曦景,今日一阴生。

《田家苦》

［宋］章甫

何处行商因问路，歇肩听说田家苦。
今年麦熟胜去年，贱价还人如粪土。
五月将次尽，早秧都未移。
雨师懒病藏不出，家家灼火钻乌龟。
前朝夏至还上庙，着衫奠酒乞杯珓。
许我曾为五日期，待得秋成敢忘报。
阴阳水旱由天工，忧雨忧风愁杀侬。
农商苦乐元不同，淮南不熟贩江东。

《夏至二首（其一）》

［宋］范成大

李核垂腰祝饐，粽丝系臂扶羸。
节物竟随乡俗，老翁闲伴儿嬉。

《夏至后得雨》

［宋］苏辙

天惟不穷人，旱甚雨辄至。
麦干春泽匝，禾槁夏雷坠。
一年失二雨，廪实真不继。
我穷本人穷，得饱天所畀。

夺禄十五年，有田颍川溇。

躬耕力不足，分获中自愧。

余功治室庐，弃积沾狗彘。

久养无用身，未识彼天意。

《和昌英叔夏至喜雨》

　　[宋]杨万里

清酣暑雨不缘求，犹似梅黄麦欲秋。

去岁如今禾半死，吾曹遍祷汗交流。

此生未用愠三已，一饱便应哦四休。

花外绿畦深没鹤，来看莫惜下邳侯。

节气 11 小暑

阳历7月6日—7月8日 交节

小暑节气文化

小暑过，一日热三分。按照大自然二十四节气，小暑在太阳运行到黄经一百零五度时，始于阳历七月六日至七月八日之间。这时天气开始炎热，在华南地区，最高气温可到三十八摄氏度，但此时虽热，却还热不过大暑，因此才称小暑。

小暑之前，天气也并非没有炎热的时候，却可能一日热一日温，不是天天高温，早晚也会稍凉，但小暑来了，连早晚的天气都热，有人说"小暑，温风至"，代表连风都变温热了。

在《月令七十二候集解》中记载的小暑三候现象为"温风至""蟋蟀居壁""鹰始击"。小暑一到，热浪夹风，连蟋蟀都怕热，躲到了屋角下避暑，而老鹰此时也生起肃杀之气，充满了攻击性。

中国人有"热在三伏"之说，这三伏天如何计算呢？就是从夏至过后第三个庚日起定为初伏，例如二〇一七年的夏至是六月二十一日；夏至后第一个庚日是六月二十二日，第二个庚日（天干以十天为一轮）是七月二日，第三个庚日就是七月十二日，这一日即是初伏第一天，每年出版的皇历上就会有记载。再过十天的庚日为二伏第一天（二〇一七年为七月二十二日），一直到立秋后第一个庚日为末伏第一天（二〇一七年为八月十一日）。在一般情况下，三伏天三十日，但如果入伏日早，就有四十天，那一年会特别炎热，二〇一七年的三伏天计算起来就有四十天。

避三伏天是从春秋时代起就有的民间习俗，到了汉代后成为重要的风俗。古人认为三伏天火太旺，是一年之中最要小心身体的时候，因此要懂得伏，即躲藏。因为天气太热，人容易脱水，尤其年老体弱之人更要小心中暑暴毙。像前几年巴黎突然热浪袭城，由于当地缺乏足够的冷气设施，就发生了不少憾事。

中国古代早有歇暑的生活风俗，民间屋房设计会有夏屋，帝王宫殿更有夏宫。到了三伏天，除了苦力还得在热浪下工作，一般人很少顶着大太阳出门。南欧的法国人在七月、八月（三伏天中）会放暑假，有能力、条件的市民会往海边山里去避暑；西班牙人在七月、八月中也会在下午太阳最火毒时躲在家中拉上百叶帘午睡，黄昏后才出门。

古诗词中吟咏小暑的诗，不少借小暑代表人生中的考验与难关，并以此寓意来砥砺人心，如"不怕南风热，能迎小暑开""小暑金将伏，微凉麦正秋""小暑开鹏翼，新蒉长鹭涛"，但小暑天气恐怕真的太热了，诗人词人的灵感怕也热干了，好诗真的不如春秋时多。

小暑时间为了避暑，人们会吃不少消暑食物，小暑节气的时令蔬果多有消暑之用，如西瓜、丝瓜、冬瓜、苦瓜、小黄瓜、大黄瓜都在小暑时盛产。在民间食疗中，三伏天吃丝瓜面线，喝冬瓜汤或冬瓜茶，吃凉拌小黄瓜，吃咸蛋炒苦瓜，煮大黄瓜排骨汤再加上饭后来一大片西瓜，都可消暑气。古人有"浮瓜沉李"之说，即在夏日用沁凉的井水冰瓜和李子，瓜会浮在水面上，而李子却会沉在水中。吃瓜李不仅可补充维生素C，还可促进身体的新陈代谢来调节体温。

小暑亦是南方双季稻的成熟之际，小暑食新即尝新米之意，人们会在此时用新米酿新酒。民间在小暑过后的第一个辛日食新米，用新米做好的饭和新酒祭祀五谷大帝，并请帮忙割稻的人一起享用新米与新酒（台湾亦有"割稻饭"之说）。

小暑时节，天气炎热，适合晒东西。古人会在三伏天中逢阴历六月初六天门开时洗衣晒衣，据说这一天因天门开，太阳光特别烈，可晒出深藏的阴气，晒过的衣服特别不容易遭虫蠹，因此这一天也成为寺庙的晒经日、民间的晒书日。相传这一天的日光有苦味，能把霉气晒掉。

小暑养生，要特别保护心脏。夏日苦闷，容易心浮气躁，心烦即心律不正常，也容易心力衰竭，因此在高温天气中，饮食一定要少盐低盐，也不可吃得过饱；要多吃含维生素、矿物质的食物，蔬果的摄取要足够；避免吃油炸、油腻、刺激的食物，冷饮冷食也要有节制。消暑是五行的调整，喝温的冬瓜汤、苦瓜汤，反而比吃冰品急速降体温要好。

古人有"夏练三伏"之说，即好好度过三伏天，反而可以强壮体魄。因小暑为火，火虽克金，亦可炼金，若要所谓金刚不坏之身，需懂得用三伏天调节身体阴阳之道。

小暑节气民俗 ｜ 小暑过三伏

据说在阴历六月初六这一天，天门会为人间而开。有一年我刚好到了艋舺龙山寺，看到了平常紧闭的寺前栅门大大地敞开了，从广场上远远就可以看到庙埕①上的天公炉。

这一天，善男信女如果有什么愿望或苦恼想向上天诉说，可以不必经过神明转达，不管是三皇五帝或妈祖关公等等都可以暂放一旁，只要心里有话说，就可以直接对老天说，因为天门开了，民间的话语可以直达天庭。

我一直很喜欢这个开天门的传说，它反映了百姓民间的天真智慧。虽然平常依赖神明惯了，却又觉得凡事都该有例外，虽然相信有形的神明法力巨大，却又盼望着无形的老天有更无边的力量，但这样的力量又不能常用，于是一年就只有这么一天。让上天开门广泽民间吧！

因为天门开了，民间也就相信这一天的阳光有独特的能量。因为是从上天那儿映照下来的，中间没有阻隔，于是又有了十分诗意的说法，说这一天的日光有苦味。我第一次听到就爱上这句话，为什么日光有苦味呢？为什么不是甜味呢？这就跟中国阴阳五行的道理有关了。六月初六多半在小暑节气、三伏天的日子之中，这时的天气酷热，热到心火炙烈。在五行之中，夏日主火，五味要用苦味，火太盛时，吃些苦味食物可以清心消火，因此六月初六的苦味日光也可以让人间清凉一下。

古人相信六月初六的日光不一样，可以晒经书、晒龙袍、晒棉被……经过这一天日光的照射，蛀虫跳蚤就不敢放肆了。

---

① 寺庙主体建筑前的一块空地。

这有什么科学道理，我想也没多少人明白，但不明白的事也可以相信，爱情不就是这样？当有一个特别的人，你会愿意在所谓特别的日子里去做一件你相信有特别意义的事，送玫瑰花和六月初六晒棉被的道理是可以相通的。

三伏天刚好在小暑和大暑的节气中，但三伏天为什么会热呢？这也必须从阴阳五行的道理来说。夏日从立夏到夏至再到立秋，照五行之说，木生火、火生土、土生金、金生水、水生木本是自然循环之理，因此属木的春日过了就到了属火的夏日是自然之道，而属金的秋日过了就到了属水的冬日，而水的冬日之后又是一年开始，到了属木的春日。在这样的循环中，唯独属火的夏日到属金的秋日并非生生不息，而是火克金的现象，这正是民间对夏日热到不行的理解，也因此夏日中的庚金日（伏日即庚日）更是夏火克金的炎夏天气，必须等到入秋后（立秋），夏火熄了，克金之气才会平息。

传统中医的道家之学，主张身体的小宇宙对应着天地的大宇宙。一年之中，夏火最旺的时候，本是心力最不济之时，为了慎防心力衰竭，夏日养生最重清心，尤其是在三伏天之中，尤重心的调养。

我记得童年时，每到大人口中的三伏天，外婆一定在家亲熬青草茶，煮丝瓜面线，爸爸则煮绿豆粥配荷叶排骨，还有莲子凉汤，长大后才明白，吃的都是清心消暑的食物。

在人们通常在家吃饭过日子的年代，民间四季饮食自有依五行节气的养生之道。印象中，外婆是绝不会在夏天煮麻油鸡的，爸爸也从不在冬天煮绿豆汤。看看现在天天外食的人，夏天吹冷气吃火锅，冬天喝凉茶比比皆是。许多人在三伏天皮肤出问题，只知道往皮肤科拿类固醇药膏治标，却不考虑治本之道，调节心火过热。

懂一些节气的学问，这不仅是知识，也是关于身体、自然的道理。三伏天是一年中必须经历的日子，与其抱怨酷暑，还不如好好安顿身心，吃些消暑的食物，如苦瓜、西瓜、黄瓜、丝瓜、绿豆、莲子等等。长夏有凉食为伴，自然就较清心自在了。

小暑节气餐桌 ｜ 闲心做消暑夏食

每当生活中得闲时，我最喜欢做的事就是去家附近的小菜市，买一些新鲜的食物回家烹煮。现在做菜和从前的心态不同，以前总喜欢大做特做，呼朋邀友来共享，虽然好玩，但因为准备的食物太多，往往不能细心品尝，也常常做得太累，反而失去了闲情。现在年龄长了，表演欲淡了，回到了和食物素面相见的初心。跟着季节过日子，每每在不同的节气时令，心中会自然浮起对某些食物的渴望和想象。有的或许是来自童年的经历，有的也许是看了某一本老食谱书而有的想法。每一次的念头都不多，都是只想做好一两样食物给自己和身边亲爱的人小小分享即可，小日子吃小食，才有小自在。

这一阵子天气炎热，常想到的都是消暑的夏食。特别怀念小时候住的平房，后院园中盖了丝瓜棚，夏天挂着满满的丝瓜。外婆傍晚会摘下丝瓜用葱油煮面线，非常简单的晚餐，但吃来一点儿也不单调。后院还种了小黄瓜、冬瓜和西红柿。夏天的晚上有时会煮荷叶绿豆粥，配上凉拌小黄瓜和姜丝焖冬瓜，再加上西红柿炒鸡蛋，这些食物都好吃极了。当年食材的来源比较自然，吃到口中的滋味也比较丰富。

这些年我追求的美味，愈来愈不是珍奇的盘中飨，而是简单、清淡的原味。脑中常常想到的、会让自己想下厨的菜都不是大鱼大肉，而是小菜小食。

夏天常熬一些消暑粥，例如用冬瓜、薏仁煮排骨粥，不说有去湿的功效，单论味道也好喝极了；有时会熬甜粥，用鲜百合、莲子、冰糖、糯米熬成百合莲子粥当甜点。

夏天也特别喜欢吃各种凉拌菜，像麻油醋拌大头菜、黄豆芽拌豆皮、凉拌西红柿豆角木耳、凉拌香菜茄子、雪菜拌毛豆、糖醋藕片。做这些小菜都很容易，重要的是有闲心，小菜可配小米粥，也可烙一两张荷叶饼夹菜吃。

夏天吃冰品，图一时凉快，身体内里却反而容易上火，要消散体内的热湿，还不如熬汤。适合夏日喝的汤，有海带绿豆牛肉汤、荸荠藕片排骨汤、草鱼冬瓜汤、芥菜胡萝卜牛肉汤、萝卜白肉片汤、山药莲子猪肚汤，这些汤都有除湿、去热、补充元气之效。

夏日最需要一块好豆腐。我从不买超市的豆腐，只买传统市场里标明非转基因的板豆腐。豆腐一定要结实饱满，富含豆味，拿来用葱油煎、淋上好酱油就好吃极了，也可用芹菜煮豆腐，或用毛豆、雪菜煮豆腐。夏天千万不要做炸豆腐，一吃火气就上来，要等到冬天再做炸豆腐蘸盐水。

夏天时总忍不住想喝果汁，不管是自己打的还是在市面上买的新鲜蔬果汁，有几种配方虽然较少见，却很好喝，又有消暑功效。例如纯西瓜汁很普通，但西瓜加西红柿或西瓜加菠萝，不必加糖或蜂蜜就可以打出滋味丰富的果汁。

夏日少炒菜，但偶尔也想吃较多的滋味，就会做一些小炒。选的食材也都是可清热的，例如苦瓜炒牛肉、莲藕片炒木耳、大黄瓜片炒猪肉片、西红柿菠萝炒鱼片、豆角炒牛肉丝、黄豆芽炒猪肉丝等等。这些小炒开胃又下饭。

我们每天都要吃东西，若对食物的本质多一些认识，再对食物的烹调多一些想象，那么很简单很日常的食物也可以带来很多生活上的乐趣，重要的是有一份闲心，有了闲心做消暑夏食，炎夏也会过得轻逸凉静起来。

小暑节气旅行 ｜ 京都寻夏慢味

小暑时分,至京都小游数日。行前才刚到台北植物园看过盛开的莲花与谢落的菖蒲,来到京都却看到平安神宫满开的菖蒲与南禅寺天授庵正在绽放中的白莲,深刻地感受到不同地区气候不同的步调。

京都夏日滋味,一定有京都方圆五十里的风土产物。贺茂的紫色圆茄,可切片汆烫后凉拌吃,也可涂抹白味噌烤成田乐[①]。

京都夏味中还有万愿寺的青椒,居酒屋中一般会蘸薄酱油串烤,或轻油小火炸成天妇罗蘸昆布[②]盐吃。

夏日也是吃生麸、生汤叶的好时节。生麸加上抹茶粉揉制,口感柔软清凉,吃了暑气顿消。生汤叶是僧人的"刺身",蘸一点儿新鲜山葵末和纯酿酱油,薄如羽翼的豆皮一层一层入口,仿佛与舌轻吻。

京都产好水,自然产好豆腐。到南禅寺奥丹店,可叫汤豆腐膳,也可叫冷奴(日式冷豆腐)膳,都是简单清雅之味。豆腐蘸山椒粉、青葱、酱油,配上抹着山葵味噌烤的豆腐田乐,再来一碗白饭和渍物(腌菜)。

夏日京野菜浅渍,最当令的当然是贺茂圆茄浅渍,还有四

[①] 一种料理方法,将豆腐、茄子等蘸上一种甜甜的味噌来吃。
[②] 属于翅藻科,与海带同属海带目。

叶黄瓜浅渍、夏南瓜浅渍、小西红柿浅渍，都是清爽宜人的夏日风味，只要配上一碗新米炊成的白饭，再喝一碗加了少许山葵酱的白味噌汤，就是夏日正午消暑之餐。到了夕阳下山后，用这些浅渍蘸上少许面衣轻炸成天妇罗，又有另番滋味。

京都夏日有四种旬鱼风味。第一种是早夏的鲣鱼，只在外皮烧烤至微焦后带皮生吃，是不同于生鱼片的烧霜造[1]滋味，有夏日烈阳的炙烤气息，这种风味连俳人[2]芭蕉[3]都歌颂过。

第二种是若狭八十八道的鲭鱼。京都人讲究吃的是真鲭，经过一夜昆布醋渍，吃来有股高雅的味道，价格虽然不菲，但京都人本来在吃上就不贪多，老铺花折的鲭寿司一份才三片，价格却要一千七百日元，但吃后滋味长驻心中。

第三种季节鱼是若鲇，即夏日新上市的鲇。京都人爱惜溪川，所以如今仍有野生的川鲇可吃。野生鲇极爱干净，爱吃溪底的青苔，才会有种清淡的香气，也因此俗称香鱼。

第四种鱼是鳢鱼，形似鳗鱼，身份却大大不同。鳢鱼是立夏祭祀用鱼，最好的吃法是汆烫后蘸梅酱吃。此鱼也是中国古代的祭祀鱼。

---

[1] 一种对鱼皮下功夫的料理。要将鱼带皮处理，在加工时对鱼皮进行加热，然后再以极快的速度放入冰水之中使得鱼皮紧缩。一般适用于鱼皮本身比较鲜美、皮下油脂丰厚的鱼类，可以充分激发出鱼皮油脂的味道，食用时味道更加鲜美丰腴。

[2] 写俳句的诗人。

[3] 松尾芭蕉，日本江户时代的俳句大师，号称日本俳圣。

日本人叫六月水无月，京都处处可见水无月的京果子，还有各种配合夏日地景心相的京果子，如做成菖蒲、紫阳花、若鲇鱼形状以及拟竹林、荷池、烟火景象的京果子，让人可把天地风光吃入口中。

徜徉在京都夏日慢味中，感受天地人与节气时令的变化，一起随着自然的节奏生活着，这一趟京都小行，真是静心禅意的慢旅啊！

小暑节气诗词

《答李滁州题庭前石竹花见寄》
［唐］独孤及
殷疑曙霞染，巧类匣刀裁。
不怕南风热，能迎小暑开。
游蜂怜色好，思妇感年催。
览赠添离恨，愁肠日几回。

《赠别王侍御赴上都》

[唐]韩翃

翩翩马上郎,执简佩银章。

西向洛阳归鄠杜,回头结念莲花府。

朝辞芳草万岁街,暮宿春山一泉坞。

青青树色傍行衣,乳燕流莺相间飞。

远过三峰临八水,幽寻佳赏偏如此。

残花片片细柳风,落日疏钟小槐雨。

相思掩泣复何如,公子门前人渐疏。

幸有心期当小暑,葛衣纱帽望回车。

《端午三殿侍宴应制探得鱼字》

[唐]张说

小暑夏弦应,徽音商管初。

愿赍长命缕,来续大恩馀。

三殿褰珠箔,群官上玉除。

助阳尝麦鹿,顺节进龟鱼。

甘露垂天酒,芝花捧御书。

合丹同蝘蜓,灰骨共蟾蜍。

今日伤蛇意,衔珠遂阙如。

《暮秋重过山僧院》

　　[唐] 李频

却接良宵坐，明河几转流。

安禅逢小暑，抱疾入高秋。

静室闻玄理，深山可白头。

朝朝献林果，亦欲学猕猴。

《送魏正则擢第归江陵》

　　[唐] 武元衡

客路商山外，离筵小暑前。

高文常独步，折桂及韶年。

关国通秦限，波涛隔汉川。

叨同会府选，分手倍依然。

《久雨六言四首（其四）》

　　[宋] 刘克庄

平陆莽为巨浸，晴空变作漏天。

明朝是小暑节，重霪必大有年。

《夜望》

[元] 方回

夕阳已下月初生,小暑才交雨渐晴。

南北斗杓双向直,乾坤卦位八方明。

古人已往言犹在,末俗何为路未平。

似觉草虫亦多事,为予凄楚和吟声。

12节气 大暑

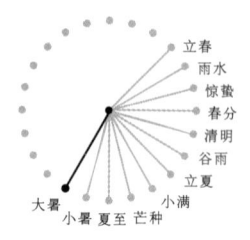

阳历7月22日—7月24日交节

大暑节气文化

在二十四节气中，夏日的最后一个节气是大暑，最热的三伏天也多集中在此节气期间。此时太阳到达黄经一百二十度，始于阳历七月二十二日至七月二十四日之间。

一说，"大暑热不透，大水风台到。"不像小暑时天气稳定，大暑时常有雷阵雨，因为大暑时已接近立秋，水气渐旺，而水旺火热，天气容易湿热，民间有"小暑大暑，灌死老鼠"之说。大暑之后常伴随台风大水，要多加小心防汛。

在《月令七十二候集解》中，大暑有三候现象："腐草为萤""土润溽暑""大雨时行"。大暑时，萤火虫卵化而出，古人误认为萤火虫是腐草变成的；大暑带来的雨水，会使暑热渐消，早生的秋意到了立秋时就渐渐浮现了。

大暑因为是夏日最后一个节气，敏感的诗人在咏大暑时，也容易因季节的过渡而心生感触。古人常以夏季代表生命之盛，是人生的高峰，但秋气一生，人生就往往由盛转衰，因此虽然还身处大暑，却不免已能预知生命的转折变化了。

宋代司马光身处政坛，却也写出了《六月十八日夜大暑》这样感叹政事之诗：

老柳蜩蟧噪，荒庭熠耀流。
人情正苦暑，物态已惊秋。
月下濯寒水，风前梳白头。
如何夜半客，束带谒公侯。

此诗用季节之变暗指政治之变，"物态已惊秋"指的就是政治上各种不可避免的惊变啊。大暑时节虽仍处于炎热之中，但已是季节之末了，宋代诗人曾几在《大暑》一诗中写道：

赤日几时过，清风无处寻。

经书聊枕籍，瓜李漫浮沉。
兰若静复静，茅茨深又深。
炎蒸乃如许，那更惜分阴。

此诗表面写大暑之热，实际写出了大暑将由炎蒸转为清凉。

大暑时节中，正值中国人定为阴历六月二十三日的火神诞辰，中国各地的火神庙拜的多是炎帝。因五行之中火的方位为南，而十二地支中巳、午属火，因此火神诞辰便从巳时（上午九点至十一点）开始直到午时（中午十一点至一点），火神祭的夜晚有火把节，会烧起篝火并举火把彻夜唱歌舞蹈（如今中国西南一带有少数民族仍会举行夏夜火把祭）。

在民间养生食疗的习俗中，往往在大暑时节会吃羊肉和荔枝。一般人通常不了解，为什么在炎热的大暑中要吃这两种温热性的食物，殊不知这正是天地五行的奥秘。大暑时天地五行已渐渐由阳转阴，又进入养脾主土德的长夏，人体也容易表面热内里阴，因此邪湿容易入侵体内，吃一些温热的食物可以增加身体的免疫力，但体质过热者却不可吃太多羊肉及荔枝。

大暑时刚好是闽南、台湾荔枝上市之时，闽南的状元红、十八娘红，台湾的糯米糍、黑叶，都已是满树红了。小时候在外婆家吃荔枝，外婆都会打井水泡荔枝，说泡过井水的荔枝吃来不易上火。为什么？小时候问外婆也问不出名堂，长大了才猜也许因井水性阴之故。但现在谁家可以打井水？而的确长大后吃荔枝也较易上火了。

大暑时人们容易胃口不开。写《本草纲目》的医药学家李时珍主张食药粥养生，简单的如海带绿豆粥或苦瓜菊花粥、扁豆荷叶粥、薏米杏仁粥等，都是很好的大暑养生粥。

大暑时调理身体，要特别小心中了阴暑，所谓阴暑就是俗称的热感冒，即身体外热内冷不平衡。得阴暑之疾常常和天气太热时贪凉有关，如喝过多的冷饮，流汗后立即冲凉，吹太多冷气或夜晚露宿或在屋外乘凉过久，都容易导致寒凉侵入已有虚寒的体内，造成阴气入侵的阴暑病症。

大暑虽然不好熬，但想想也不过再十五日就是立秋了，秋天的脚步已经慢慢靠近了。人生不也这样，盛年事忙容易累，但生命的盛景繁年会有多长？人生之秋也悄悄靠近了，只有"那更惜分阴"了。

大暑节气民俗 ｜ 土用丑日的五行之道

二〇一五年七月二十四日，适逢农历六月初九的辛丑日，这一天即所谓的土用丑日，日本有食烤鳗鱼的风俗，日本各大市场、餐馆凡有卖鳗者，都会挂上用书法写的土用丑日之鳗的布条。据说这一天吃蒲烧鳗鱼，最能增进身体的元气对抗漫漫长夏。

台北这几年，似乎也有一些店家开始流行起这样的食俗，但不少爱此风的人却未必懂得什么是土用丑日。也有人以为这纯是日本人的食俗，其实就像不少日本的文化风俗都起源于中国，土用丑日食鳗鱼、泥鳅或鳝鱼等高蛋白的河鲜的传统也源自中国汉代，并且和中医的五行养生论大有关系。

在中医的五行观中，四季的轮回和五行的相生相克与五脏的运作有密切关系。以五行的消长为例，金可生水，水可生木，木生火，火生土，土生金，金又生水，构成了宇宙大自然运行的逻辑，而中医又有五行对应五脏之说，金对应肺，水对应肾，木对应肝，火对应心，土对应脾。保养五脏之道，要以五行为用，而五行之用和四季的运行又大有关系。秋天是金用之时，冬天是水用之时，春天是木用之时，夏天是火用之时。按这个逻辑来看，四季轮回由秋金生冬水，再由冬水生春木，再由春木生夏火，都符合相生之理，但到了夏天要过渡到秋天时，却出现了不一样的现象，因为夏火不能生秋金啊！反而是夏火克秋金，那怎么办？于是就必须要土用，即夏火要先生土，再从土生金，这五行之理才行得通。

土用的智慧，是中国人思考四季五行之理而得知的，因此古代中国人的四季不只是春夏秋冬四阶段，而是四季五时的春、夏、长夏、秋、冬。长夏是一年之中最闷热的时段，在这段时间中，因夏火和秋金的相克之象，中医认为此时人体的心火和肺金最弱，因此要特别保养心与肺这两脏器，而保养之道即土用，借着脾脏的强健以调和金火相克之气。

阴历六月长夏本来就是五行五时之中的土用之月，而在长夏中逢地支丑日，因丑为土，即土用之日，在阴历六月丑日多吃土用之物，如鳗鱼，也就成了五行养生的食俗。

中医的饮食五行之道，是把身体看成一个整体的养生之道，五脏相生相克，不能单独看待。吃西药的人都知道，有的西药可治某脏器，却可能会对另一脏器造成伤害。饮食也同理，某些食物有益于某脏，却也会伤害另一脏，偏食之弊就在此，而食物若不能和天地时令顺应，也会有害人体。

长夏时节，身体内部的火气仍炽，最怕所谓"寒包火"的现象。所谓寒包火，即不让身体的火气消散，而一味用外在的寒气压火，最后反而造成身体全身过敏出疹块的现象。例如中医多不主张吃冰，即因为冰品食用过多，身体的皮肤冷缩，反而不能发散体内之热。要发散内热，最好是吃常温的凉性食物，如温的绿豆汤、莲子汤、青草茶等，在解内热的同时，让皮肤仍可发汗以泄体热。

长夏要预防寒包火，一是不要吃太多冰品，免得身体过寒，二是不要让身体上火，像先吃麻辣锅后吃冰就很容易导致寒包火，或者是吃冰时，冰的馅料若选容易上火的热性食物，也容易增加体内之热。真贪图凉快、想要吃冰时，也要记得多吃绿豆等凉性之食，身体不过火的人，自然也比较不怕寒包火了。

大暑节气餐桌 ｜ 大暑吃羊肉

曾在大暑节气的那天上午到台南，住进了老房子改造的佳佳西市场旅店，安顿好后就出门找吃的。附近的西市场有不少我喜爱的小吃，鱿鱼羹、芋粿、意式馄饨等等，但这一天我却想吃羊肉汤和白饭。同行的伴侣说天这么热，干吗喝热羊肉汤呢？我说就是因为湿热，才要在大暑喝羊肉汤。道理在中医的五行之说。原来每个季节都有不同的养生之理，春季养肝，夏季养心，秋季养肺，冬季养肾，那么何时养脾呢？脾主土，位于东木南火西金北水之中，养脾的时令在每一个季节的最后一个节气，如春季的谷雨，夏季的大暑，秋季的霜降，冬季的大寒，从这四个节气的前三日起共十八日（四季共七十二日），都是养脾的时节。

夏季养心，心主火，夏季养生宜清热降火，要多吃苦瓜、黄瓜、丝瓜、西瓜、绿豆等凉性之物，但到了大暑，人体却由阳转阴，虽然外面的天气还很热，身体内却因阴暑而湿，就要开始吃一些温性的食物来调节体内阴阳，因此民间才有大暑吃羊肉的食俗。

我坐在西市场的羊肉老店内，看着老妪细心肢解一只全羊，喝着清甜毫无膻味的羊肉汤，想着古书上读来的节气五行食经，更觉得中国文化的医食同源带来了丰富有趣的平民生活（只可惜这家羊肉老店在二〇一四年歇业了）。

除了大暑吃羊肉，还有大暑吃菠萝之说。我想到西市场不远处的水仙宫市场前的国华街上，有家专卖菠萝的老铺。信步走到那儿，女主人正在削菠萝，竹篓中早已装满了菠萝皮。果然在大暑日，菠萝销售得特别好。

大暑吃菠萝的道理，和吃羊肉近似。在水果中，西瓜很凉，因此大暑前的夏天吃西瓜解热是避暑之道，但到了大暑，却要开始吃一些温性的水果，因此就宜菠萝而非西瓜了，但也有人会喝西瓜加菠萝混在一起打的果汁，以降低西瓜的凉性。

大暑亦是杧果丰收之时。在旅店附近的水果店，我看到了从未见过的乌香杧果，深绿色圆滚滚的杧果，闻起来有很浓的龙眼香，吃起来口感比较脆，和爱文杧果或土杧果的味道都不一样，却很像我家阳台的杧果树长出来的绿杧果。

水果店的老板告诉我乌香是老品种，很少人种，连很多台南人都没见过。我也问了一位台南老辈知不知道乌香，对方亦回答不知。我就起疑了，如果真是老品种，老人应当会知道，于是上网一查，果然是新品种，但产量很少。可见不能全听水果店老板的话，虽然老品种的故事比较浪漫。

大暑到台南，是为了下午在文学馆演讲府城与京都的古都物语，但人还没进文学馆，就一路吃羊肉、菠萝、杜果。不只是吃，还东想西想吃这些食物的道理，文人吃食的乐趣真是一箭双雕，感官与思想同乐也。

大暑节气旅行 ｜ 大暑梦花火

早年夏天在日本旅行，常常在七月底八月初遇到各地的花火大会，印象深刻的有东京隅田川的花火会、伊东松川的花火会、京都鸭川的花火会等等。

曾经有一年去伊豆半岛的伊东，刚好住在离松川不远的老式温泉旅馆内。旅馆提供可穿至户外的浴衣，我和夫婿全斌在用完丰盛的伊豆半岛传统的潮味温泉料理后，按照地方风俗，穿上浴衣前往松川看烟花。

我们到了松川，看到不少民众也身着浴衣，脚踩木屐，等待八时整的花火会，整整有一个小时，各式各样的烟花在夜空灿烂绽放、美不胜收，而凉凉的夜风从松川上阵阵传来，真让人迷醉得有若置身梦中，我突然懂得了日本人为什么称烟花会为"梦花火"，真是如梦如幻。

当年并未意识到，举办"梦花火"的时候，正是大暑节气期间，本是一年中最热的日子，如果待在白日积满了暑热会在夜晚释热的房子内，人就会困暑，这时离开室内出外是最好的消暑之法。夏天的夜晚宜在户外乘凉，再加上有放烟花的诱惑，人们就更容易出外纳凉了。而烟花会总是在水边举行（如台北的大稻埕烟火也在水门旁），除了因为空旷、安全，还因河海本是大自然的空调，夏天夜晚的水边有风生水起的沁凉。

有了夏天夜晚的"梦花火"，大暑虽热也成了美好的日子，放烟花也象征着夏天的火要结束了，秋日的金气已近。

大暑节气诗词

《登殊亭作》

[唐] 元结

时节方大暑，试来登殊亭。

凭轩未及息，忽若秋气生。

主人既多闲，有酒共我倾。

坐中不相异，岂恨醉与醒。

漫歌无人听，浪语无人惊。

时复一回望，心目出四溟。

谁能守缨佩，日与灾患并。

请君诵此意，令彼惑者听。

《似贤斋竹》

［宋］曾几

大暑不可度，小轩聊复开。

只消看竹坐，不必要风来。

岂待迷时种，何妨腊月栽。

叶端须雨打，有句索渠催。

《清风谣》

［宋］范仲淹

清风何处来，先此高高台。

兰丛国香起，桂枝天籁回。

飘飘度清汉，浮云安在哉。

万古郁结心，一旦为君开。

有客慰所思，临风久徘徊。

神若游华胥，身疑立天台。

极渴饮沆瀣，大暑执琼瑰。

旷如携松丘，腾上烟霞游。

熙如挥庄老，语人逍遥道。

朱弦鼓其薰，可以解吾民。

沧浪比其清，可以濯吾缨。

愿此阳春时，勿使飘暴生。

千灵无结愠，万卉不摧荣。

庶几宋玉赋，聊广楚王情。

《七夕后一日诸公携酒见过》
　　［宋］朱翌

昨夜天孙拥翠軿，余光犹此照河津。

且欣大暑去酷吏，更辱诸君为主人。

庭桂酿花香有信，盆荷迎露绿长新。

浮云扫尽天无滓，仰面争看月半轮。

《秋怀十首（其一）》
　　［宋］汪莘

形骸欹仄面皮黄，破屋三间号柳塘。

自大暑来真畏暑，到微凉处便知凉。

《夏日闲书墨君堂壁二首（其一）》
[宋] 文同

先人有敝庐，涪水之东边。
我罢汉中守，归此聊息焉。
是时五六月，赤日烘遥天。
山川尽熔燥，草木皆焦燃。
尘襟既暂解，胜境乃独专。
高林抱深麓，清荫密石绵。
层岩敞户外，浅濑流窗前。
邀客上素琴，留僧酌寒泉。
竹簟白石枕，稳处只屡迁。
忽时乘高风，远望立云烟。
野兴极浩荡，俗虑无一缘。
气爽神自乐，世故便可捐。
却忆为吏时，荷重常满肩。
几案堆簿书，区处忘食眠。
冠带坐大暑，颡汗常涓涓。
每惧落深责，取适敢自便？
安闲获在兹，恍若梦游仙。
行将佩守符，复尔趋洋川。
山中岂不恋，事有势外牵。
尚子愿未毕，安能赋归田。

《大热过散关因寄里中友人》
　　［宋］文同

六月日正午，大暑若沸镬。
时行古关道，十步九立脚。
烟云炙尽散，树木晒欲落。
喉鼻喘不接，齿舌津屡涸。
担血儓破领，鞍汗马濡膊。
幽坑囷猿狖，密莽渴鸟雀。
至此因自谓，胡为就名缚？
所利缘底物，奔走冒炎恶。
尘心日夜迫，欲往不能略。
因念吾故园，左右悉林薄。
昔我未第时，此有文酒乐。
长松借高荫，飞瀑与清濯。
层崖对僧咏，大石引客酌。
畏景虽赫然，无由此流烁。
于今只梦想，欲往途路邈。
所效殊未立，期归尚谁约？
徒尔发短歌，西首谢岩壑。

《和王定国二首（其一）》
　　[宋] 晁补之
可怜好月如好人，我欲招之入窗户。
人言明日当大暑，君看繁星如万炷。
想君映月读书时，清似列仙臞不肥。
我正甘眠愁日出，朝骑一马暮还归。

《扇》
　　[宋] 谢枋得
蒲葵也解归掌握，纨素未应捐箧中。
莫把暗尘涴明月，好驱大暑来清风。

《和张仲通学士苦暑思长安幕中望终南秋雪呈邻几》
　　[宋] 司马光
秋云覆秦川，小雨野未湿。
谁言终南顶，已有霰雪集。
返景开新晴，屡颜照都邑。
初疑江津阔，远浪横风急。
又疑龙蜕骨，逶迤委原隰。
词客登高楼，四望清兴入。
当时应百篇，遗散不复拾。
今兹官帝城，大暑困郁悒。

红尘满九衢,出入冠带袭。

家居宾旅来,俯偻烦拜揖。

回思幕中趣,引领安可及?

江翁养文采,正如玄豹蛰。

君往犯其严,腾起谁敢絷?

嗟予素恇怯,旁睨毛发立。

强复缀此章,庶几勇可习。

《六月十七日大暑殆不可过然去伏尽秋初皆不过数日作此自遣》

［宋］陆游

赫日炎威岂易摧,火云压屋正崔嵬。

嗜眠但喜蕲州簟,畏酒不禁河朔杯。

人望息肩亭午过,天方悔祸素秋来。

细思残暑能多少,夜夜常占斗柄回。

《大暑水阁听晋卿家昭华吹笛》

［宋］黄庭坚

蕲竹能吟水底龙,玉人应在月明中。

何时为洗秋空热,散作霜天落叶风。

节气 13 立秋

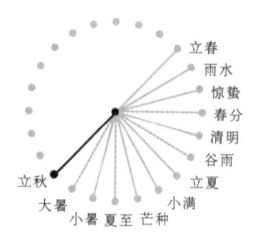

阳历 8月7日—8月9日—交节

立秋节气文化

立秋节气始于阳历八月七日至八月九日之间。还正烈阳当头，酷暑难忍，却已进入立秋节气了，此时太阳运行至黄经一百三十五度。

中国人的节气观念，反映出对天地气候变化的幽微观照。立秋又称交秋。这时太阳照射地球的角度将再度偏离，天气亦将逐渐凉爽，但立秋前小暑大暑节气相连的暑气却仍在天地中盘旋未退，因此虽然天地整体的趋势在往低温走，但是短时间内小暑大暑的热温仍在累积。这种热冷温同会，只有用中国人阴阳相连、祸福相倚的观念才能理解。

《月令七十二候集解》指出："秋，揪也。物于此而揪敛也。"万物在夏长大，在秋却要缩小，亦即事物的热胀冷缩之理。《月令七十二候集解》中记载，立秋三候为"凉风至""白露降""寒蝉鸣"。立秋后因太阳威力缩小，风吹时不再只有暑日的热风，亦已掺杂着较低温的凉风，尤其早晚时分，敏感的人就会感受到沁人的凉风吹拂。因气温略降，在阳光未出现的黎明，经过一夜凉意浸润的大地也将雾气凝结出晶莹的水晶露珠，一眼望去白闪闪的，有如白露诞生。同时，喜阴的寒蝉因遇寒而鸣，正宣告着寒气的逐渐降临。

不管是凉风、白露还是寒蝉，都是知天地之变的先觉者，反而人类比较后知后觉。宋代的太史官会在立秋前，把原本放在殿外的梧桐盆栽移入殿内，等待立秋时辰一到，就高声宣示秋到了，此时梧桐树就会应声落下一两片叶子，这叫梧桐报秋。天地有灵，动植物都比人类灵动。

立秋在古代是重要的祭日，有立秋迎秋的风俗。古代掌天文历法的官员会告知天子当年哪一日是立秋日。在立秋前三日，天子就要斋戒，待立秋当日带领三公九卿与诸侯大夫，到西郊九里处设坛迎秋神。

古代诗人对这个夏秋之交的立秋节气也十分看重，当然就

应立秋写了不少诗。白居易对立秋特别有感触,写了不少好诗,例如《立秋日曲江忆元九》:

> 下马柳阴下,独上堤上行。
> 故人千万里,新蝉三两声。
> 城中曲江水,江上江陵城。
> 两地新秋思,应同此日情。

秋思是人到中年后对世事成熟的感悟,知道人生苦短,不再有盛夏的猖狂。白居易在"立秋日登乐游园"时又写了一首诗:

> 独行独语曲江头,回马迟迟上乐游。
> 萧飒凉风与衰鬓,谁教计会一时秋?

人生是不能回头的,立秋一到,夏日已过。"萧飒凉风与衰鬓"说得好,只有珍惜秋日了。

杜甫写过一首《立秋后题》:

> 日月不相饶,节序昨夜隔。
> 玄蝉无停号,秋燕已如客。
> 平生独往愿,惆怅年半百。

罢官亦由人，何事拘形役。

这样的诗，只有自己也步入中年后才能和诗人心心相印。"何事拘形役"是个好提醒，时间不多了，不要再被俗事羁身了。尤其是杜甫，还好在生命之秋时留下了不少好诗，因为他可没活到生命之冬时。

不让唐代两位大诗人独吟立秋，宋代诗人苏辙亦唱和其后，写了《立秋偶作》：

十年忧患本谁知，惭愧仙翁有旧期。
度岭还家天许我，斸山种粟我尤谁？
秋风欲践故人约，春气潜通病树滋。
心似死灰须似雪，眼看多事亦奚为！

这首立秋诗写得颇丧气，写出一种身不由己之感，可见立秋唤起的人生忧患意识的急迫了。"秋风欲践故人约"，其实是和生命的约定，可见诗人想回归田园的本心。宋代诗人陆游写了一连串和立秋有关的诗，从立秋前九日，写到立秋前四日，再写到立秋前一夕：

萤度梧楸径，乌鸣蒲苇洲。
宁知八十老，又见一年秋。

贺监称狂客，刘伶赠醉侯。

吾身会兼此，已矣尚何求！

陆游可比杜甫、苏轼好命，早想通的他，真是活出了其号"放翁"中"放"的生命格局。一句"宁知八十老，又见一年秋"，是用生命的冬日回顾秋日暖而非秋日寒的心情，再加上几杯老酒，难怪说"已矣尚何求"！

立秋的卦象是天地否卦，三个阳爻在上，三个阴爻在下，已现阴生阳退之象。在秋日养生的观念中，已进入秋日养阴的时节。秋属金，在金木水火土的五行中，肺亦属金。立秋后，肺功能开始旺盛，容易躁动，加上肺在志为悲，如果情绪悲哀，更容易伤肺气。古代秋日养生，最重心志的安定，换今日现代话即情绪管理，要"使志安宁，以缓秋刑，收敛神气，使秋气平，无外其志，使肺气清"。秋日的情绪管理，也可反映在人在中年后的生命态度，明明已进哀乐中年、悲欣交集了，哀悲固然可使人成熟，却不可太陷入悲观情绪中，仍然要懂得心平气和地活到老。

在饮食养生方面，秋天宜收不宜散，要少吃葱姜等辛味食品（刚好和春日相反）。因肺主秋，肺收敛，辛泻之，用酸辅之，在秋日宜多食酸味果蔬，以滋阴润肺，如菠萝、山楂、苹果、葡萄、杨梅、柠檬等等。

秋日燥气当令，肺金太旺会克肝木，因此秋日不可食太燥之食，像杧果、荔枝等燥性果类。本来自然界过了立秋就不生产燥性食物了，但现在人类一年到头都用人工生产控制，反而容易让人们吃到不当令的食品，不当令不只贵，还对身体不宜，人类真应该好好反思了。食道要道法自然啊！

立秋节气民俗 | 七夕的传说

立秋节气最常遇到的民俗祭典即农历七月初七的七夕节（也称乞巧节），民间流传七夕是牛郎与织女一年一次在鹊桥上相会的夜晚。

牛郎和织女是远古天文信仰中重要的星辰崇拜，属天鹰座的牛郎星和属天琴座的织女星，会在秋日西方星空中的银河附近隐约可见。这样的天文知识后来被人们转换成人格神（牛郎、织女）和银河（鹊桥）的故事，的确较易于记忆与流传。

在《太平御览》中还有个古典记载，汉武帝和西王母曾在农历七月七日相会，而西王母正是用银簪划河为界分开牛郎与织女的神仙。为什么会有这样的传说呢？其中隐藏了什么样的信息？我推测，因牛郎星、织女星在印度占星学中是和婚事相关的星辰，汉武帝通西域，是否因此从西域获知印度的牛郎、织女原型故事？

阴历七月初七是牛郎织女一年一次相会的日子，这其实是很悲哀的故事，却不知为什么七夕竟然变成中国情人节。一年只能见一次面，这样的情人节有什么好？但中国情人即使天天相见，七夕之夜还要当成特别的日子相会，吃大餐、送礼物，甚至到酒店开房间，也许七夕相会已成为男女特殊关系的发生日？即印度占星学中牛郎、织女星代表的缘定之意。

在台湾的七夕传说中，七夕是七娘妈（七星娘娘）的节日，七娘妈是生育之神（看吧！也有男女发生关系的联想）。台南人相信七娘妈是小孩的守护神，在孩子出生后的第一个七夕，便去供奉七娘妈的庙中许愿，求得絭牌①让孩子戴在身上，一直戴到满十六岁的那年七夕，再去七娘妈庙中脱絭，台南人称此为"做十六岁"，有成人礼之意（《红楼梦》中的婢女满十六岁后，主人也会为她们婚配）。

七夕除了祭祀牛郎和织女，还有其他民俗。在夜晚，妇女会置香案、供瓜果，祈求自己心灵手巧。民间亦流传一首《乞巧歌》："乞手巧，乞貌巧；乞心通，乞颜容。乞我爹娘千百岁，乞我姊妹千万年。"

七夕节转为乞巧节，可说是把向织女星求得好姻缘的星辰崇拜，转成天助自助者，意思是女人若习得手巧的功夫，如女红、织布、针线等，才能嫁到好人家。总之，古时候女性的一生都不能仰赖自己，七夕一直是个悲哀的日子啊！

---

① 絭牌通常是父母为祈求刚出生的小孩能平安长大，而到庙里求来的。

立秋节气餐桌 | 安心定神的秋日食

不管是东方的中华文明还是西方的希腊文明，都把人类的身体看成对应着浩瀚大宇宙的小宇宙。希腊人有身体包含气火水土四元素之说，人体分为冷干湿热的四气。中国的道家思想视身体为小周天，有一套配合宇宙大周天的运行之道，这套身体循环之道，也符合天地季节的运转之理。

中国道家认为，人体的五脏以五行之理维持平衡，因此要以配合时节的饮食来调节身心。肝脏属木，在春天最弱，因此春天宜补肝，又因为春季阴气太盛，补肝要多吃能够起阳的五辛。春天吃春饼，春饼中除了植物性蛋白质的豆干和动物性蛋白质的肉丝，最重要的就是要包春草来让身体像大地回春般还阳。

夏天属火，身体中最弱的就是属火的心脏，因此夏天要补心。为了抑制身体的火气，夏天宜食凉性的瓜类，如大小黄瓜、西瓜、苦瓜、凉瓜、丝瓜等等。瓜性凉，可调节心火，尤其是夏季三伏天时，最需要吃各种清心食，凉拌小黄瓜、咸蛋苦瓜、凉瓜牛肉、小黄瓜凉粉、大黄瓜炒肉片，都是盛夏降心火的清爽食物。

其实人只要跟着时节吃东西就不容易吃错，像春季宜吃香草及野菜，而这类食物本来就是在春天盛产，才会有"夜雨剪春韭"这类说法,而各种春菜,不管是荠菜、马兰头、空心菜还是毛毛菜,都是春天的最好吃。夏天本来就是瓜果盛产的季节,人体需要吃凉性的瓜,大地果然就长满了各种时令瓜供人享用。

秋天是吃秋果秋蕈的季节,不管是银杏、栗子、柚子、柿子、松茸、秋蕈,都在秋天成熟,这些秋果秋蕈正是为人体的肺气调养所准备的。在道家的养生之说中,秋天肺脏最弱,要补肺就要调节金气。因为肺脏属金,秋季要小心金太旺,因此要多食各种可调和金气的秋果,如银杏、杏仁、核桃、红枣、芝麻、芡实,以及温润的梨子、柿子、柚子。

古时中国人以金木水火土五行配四季,表面上看来不若希腊人四元素配四气有次序,却更蕴藏深意。五行有相生相克之理,如秋季之金可生冬季之水,冬季之水可生春季之木,而春季之木可生夏季之火,秋冬春夏的季节运转刚好符合五行的金生水、水生木、木生火。但接下来就是玄奥的所在了。夏季的火并不能生秋季的金,反而呈现夏火克秋金的相克之象,这正是夏季三伏天的由来。五行之气若要从夏日循环至金,必须先用土,让夏火生土之后,再从土生秋金。

在一年之中,从夏日到秋日是调养身心的重要时候,因为这段日子火金相克,阴阳不济,人心容易起夏烦秋燥。而天气方面,除了三伏天的酷热,也容易有旱涝之灾(如这些年台湾及大陆华南、华中的水灾),因此不管是人的身体还是大地的身体都要小心应变。

在用饮食照顾人的身体时，从夏到秋，先要用土以安定身心。中国古人在三伏天之中有土用的丑日，即在三伏天中的丑日补充蛋白质，像日本人在土用丑日吃蒲烧鳗鱼即源于此理。

在防秋燥方面，清补之汤水最能调和肺气。日本京都在白露之秋后，就开始喝土瓶蒸。地道的土瓶蒸要用陶土制成的瓶状茶壶，在壶中放两粒银杏（银杏一天不宜吃超过六粒）、一片松茸、小片柚子。土瓶像秋日的风物诗，装着秋日大地丰收的果物，人们一口一口啜饮着蒸煮出来的清汤，想着春去秋来的季节感怀。人在秋天最需要的就是可以安定心神的食物。

用新栗蒸饭也是京都人的秋炊，金黄的栗子蒸得松松软软的，最好配上爽口的新米，吃起来有秋高气爽的风味。

中国人把食物分成寒凉、平性、温热三大类，秋季最宜吃平性的食物，如莲子、花生、银杏、黑木耳与白木耳。我记得小时候，家中长辈在入秋后就会开始煮冰糖百合莲子白木耳汤，说是有润肺止咳的效果。现在我自己每逢秋日觉得喉头干干的时候，也会熬上一锅慢慢品尝着记忆中的家庭滋味。

广东人最会熬四季靓汤，春夏秋冬各有专长。在秋季的汤水中，用的多是平性的猪肉及牛肉，配上平性的木耳、川贝、杏仁、芡实等秋果，尤其适合体质偏温热的人。要喝鸡汤还早，请等到立冬后再熬鸡汤吧！

中国人相信吃肺补肺，秋日的汤水中常见的有木耳花生猪肺汤、川贝雪梨猪肺汤、杏仁核桃猪肺汤等，如不吃猪肺，则可换成猪肉或猪骨，一样有润肺的功能。

秋季也是喝粥的好季节，因为米粥亦有润肺安神的作用。想想看，手捧着一小碗慢慢熬成的米粥，小心地吹着米汤，心当然就安定下来了。

秋日粥选择有很多，如红枣银杏莲子粥、百合银耳莲子粥、百合芡实粥、山药大枣小米粥、山药桂圆粥、银杏萝卜粥等。我最喜欢在睡前定好电饭锅的时间熬粥，早晨起来就有早粥可喝了，喝了早粥就觉得启动了一天的幸福感。

希腊人也有一套食物与季节对应的养生之道。受古希腊文明影响的意大利人，在拉丁文的字根中也把食物分成阴阳两性，例如鸡肉是阳性，牛肉是阴性。希腊人在秋日喜食无花果，而无花果中医也认为有润肺止咳的功能。希腊人、意大利人在秋日会去森林捡拾新栗烤来吃，吃时配上新酿好的葡萄酒，而栗子、葡萄亦是平性的食物，可解秋燥。东方与西方的古老饮食智慧竟然相去不远。

秋天也是吃各种蕈类的好季节。中国人爱吃黑、白木耳，日本人偏爱香气特浓的松茸，除了放入土瓶蒸，更豪华的吃法是直接撒一点儿海盐烤着吃，这就是日本人心目中的顶级秋之味。而好吃蕈的还有意大利人，秋天风和日丽时赴近山采菇，最受人欢迎的是牛肚菌菇，可生吃，也可撒盐烤着吃，或加橄榄油烩成酱汁拌意大利面吃，都是迷人的秋蕈料理。

秋天是多思的季节，大地将逐渐充满肃杀之气，人也容易兴起多事之秋的感慨。秋日料理多以圆熟饱满的秋果秋蕈之物来抚慰人心，让人们有个心灵饱满的秋日。

立秋节气旅行 ｜ 圣母升天日

立秋后到了意大利古城维琴察旅行。在八月十五日，当地朋友告知当天是圣母升天节，会放烟火送圣母升天。朋友邀请我们到他们郊外的别墅去吃晚饭，如果想玩水的话，可以带泳衣去。

当晚我们到了朋友家，发现院子里有一大塑料浴池，供大人小孩玩水。我觉得很奇怪，这难道也和圣母升天有关？朋友说因为八月十五这一天代表夏天结束，以后要玩水的机会不多了，因此亲朋好友就会想在一起过最后的夏天。

我突然意识到此时正是立秋期间，原来意大利人虽无立秋之名（意大利人只知秋分），但身体对大自然的感受也让他们创造出圣母升天这样的节庆（圣母离开是否代表夏天的结束呢）。

朋友也准备了威尼斯有名的贝里尼白桃气泡酒请我们喝。这款酒要用手工现榨过滤扁白桃汁，再调和普罗塞科起泡酒。

朋友也说夏天当令的扁白桃的产季快要结束了，要享受贝里尼酒得赶快把握啊！

圣母升天日也会放烟火。当我们返回古城时，在护城河旁看到满天灿烂的烟花。这让我想到在日本旅行时，从七月中旬到八月底，总是会和烟花不期而遇。烟花很美但很短，会提醒人们生命的美好和短促。二〇一四年的夏天到秋天一路在欧洲旅行，虽是长假，心中却知道再长的假期其实终究也是短暂的，人生苦短，所以更需要偶尔以长假珍惜匆匆的每一日。

立秋节气诗词

《立秋夕有怀梦得》

[唐]白居易

露篁荻竹清,风扇蒲葵轻。

一与故人别,再见新蝉鸣。

是夕凉飕起,闲境入幽情。

回灯见栖鹤,隔竹闻吹笙。

夜茶一两杓,秋吟三数声。

所思渺千里,云外长洲城。

《立秋日》

[唐]令狐楚

平日本多恨,新秋偏易悲。

燕词如惜别,柳意已呈衰。

事国终无补,还家未有期。

心中旧气味,苦校去年时。

《立秋雨院中有作》

[唐] 杜甫

山云行绝塞,大火复西流。

飞雨动华屋,萧萧梁栋秋。

穷途愧知己,暮齿借前筹。

已费清晨谒,那成长者谋。

解衣开北户,高枕对南楼。

树湿风凉进,江喧水气浮。

礼宽心有适,节爽病微瘳。

主将归调鼎,吾还访旧丘。

《秋日后》

[唐] 王建

住处近山常足雨,闻晴晒曝旧芳茵。

立秋日后无多热,渐觉生衣不著身。

《立秋日祷雨宿灵隐寺同周徐二令》

[宋] 苏轼

百重堆案掣身闲,一叶秋声对榻眠。

床下雪霜侵户月,枕中琴筑落阶泉。

崎岖世味尝应遍,寂寞山栖老渐便。

惟有悯农心尚在,起瞻云汉更茫然。

《立秋后》

[宋]苏辙

伏中苦热焦皮骨,秋后清风濯肺肝。

天地不仁谁念尔,身心无著偶能安。

诗书久为消磨日,毛褐还须准拟寒。

谩许百年知到否,相从一日且磐桓。

《立秋二绝(其一)》

[宋]范成大

三伏熏蒸四大愁,暑中方信此生浮。

岁华过半休惆怅,且对西风贺立秋。

《立秋有感寄苏子美》

[宋]欧阳修

庭树忽改色,秋风动其枝。

物情未必尔,我意先已凄。

虽恐芳节谢,犹忻早凉归。

起步云月暗,顾瞻星斗移。

四时有大信,万物谁与期?

故人在千里,岁月令我悲。

所嗟事业晚,岂惜颜色衰。

庙谋今谓何,胡马日以肥。

《宣府逢立秋》

［清］计东

秋气吾所爱，边城太早寒。

披裘三伏惯，拥被五更残。

风自长城落，天连大漠宽。

摩霄羡鹰隼，健翮尔飞抟。

14 处暑

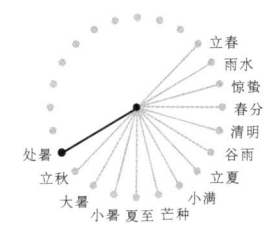

阳历 8月22日 — 8月24日 交节

处暑节气文化

太阳运行至黄经一百五十度，始于阳历八月二十二日至八月二十四日之间，是为二十四节气中的处暑。处有终止之意，处暑即终止暑气。虽然早在十五日前的立秋时，秋气早已降临，但小暑大暑相连的暑热却一时无法全退，就像大烤箱中的热气要一小时才会退尽，大地作为一个超级大烤箱，蕴藏其中的暑热哪里是几日可退的。所谓的"秋老虎"，指的正是明明秋天来了，但怎么还热得像老虎咬人般，因秋属白虎，才叫秋老虎。

但到了处暑，夏日的暑气终于也慢慢蒸腾殆尽了，早晚的天气因秋意而略温凉。但经一上午的日头照耀，下午时分还是挺热的，秋白虎之威仍盛。真正要白虎闭口不咬人，还得等到前人所说的"土俗以处暑后，天气犹暄，约再历十八日而始凉，谚有云'处暑十八盆'，谓沐浴十八日也"。处暑虽然来了，还得流十八天的汗。

在《月令七十二候集解》中记有处暑三候："鹰乃祭鸟""天地始肃""禾乃登"。这时候老鹰开始大量捕杀野鸟，但老鹰会把死鸟放在巨石上摆列，仿佛行祭祀般，是谓祭鸟；天地间的万物此时都有肃杀之感；黄叶落下了，禾谷成熟后收割了，树上的果子也开始采摘了。

处暑的暑气终止，可从气温发现。从立秋到处暑，中国北方平均气温仍在二十二摄氏度以上，但过了处暑，气温就开始从二十二摄氏度往下降。气温下降除了和阳光的照射角度与时长有关，也和冷空气南下带来的午后雷阵雨有关。这种午后雷阵雨即西北雨，虽然一天只下半小时至两小时，却对气温的降低起了莫大的作用。处暑后也是台风威力最大的时候，这种台风叫秋台，比夏台更厉害（因秋台水气较旺），也是农人最怕的台风，尤其是收获季还没过时。农谚云："处暑若逢天下雨，纵然结实也难留。"

处暑节气不若立秋之交容易让人伤感,大诗人咏诗较少,但因事关农事,农业诗反而较多,反映的是民间智慧而非文人感怀,如"处暑伏尽秋色美,玉主甜菜要灌水。粮菜后期勤管理,冬麦整地备种肥"。此诗虽粗陋,却可见农民心思。宋代诗人苏泂写过一首处暑诗《长江二首(其一)》:

处暑无三日,新凉直万金。
白头更世事,青草印禅心。
放鹤婆娑舞,听蛩断续吟。
极知仁者寿,未必海之深。

所谓世态炎凉,人情冷暖,但人生若处暑,到了"白头更世事"的时候,就会懂有时炎暖也颇累人,反而珍惜"新凉直万金"了。难怪宋代诗人仇远也写了这样一首《处暑后风雨》:

疾风驱急雨,残暑扫除空。
因识炎凉态,都来顷刻中。
纸窗嫌有隙,纨扇笑无功。
儿读秋声赋,令人忆醉翁。

所谓"天凉好个秋",说的不仅是天气,也是心境。人到中年,心志不再躁动,才懂得珍惜中年之静凉。

处暑时节，适逢道教的中元节和佛教的盂兰盆节，民间既祭祖灵也祭亡魂。旧时宫府、东岳庙、城隍庙都会举行佛、道两种宗教仪式融合的活动，道场、佛会双修。民间烧纸祭祖，各地有斋醮，搭高台棚座，施放焰火济孤魂，扎法船焚化放水流谓之慈航普度，捏各式面人、面果，如羊、兔、虎、鱼、桃、梨、柿、瓜、大头娃娃等，以红豆点嘴，黑豆安眼，最后用玫瑰花装饰身体。

中元节是神、鬼、人共聚的秋收祭，有所谓告报秋成之名。因是秋收，赠予长辈多用梨、桃等防秋燥之果，而恋人之间则送秋石榴，因石榴除了寓意多子多孙，现代人还发现石榴亦富含催情成分，只是不知古人怎么也知晓的。

处暑时的养生之道在防秋燥，因为此时天干物燥，人们的皮肤变得紧绷，容易起皮脱屑，头发也失去光泽，口唇容易干裂，鼻咽上火，容易便结，这种现象即体燥。

体燥最容易引起干咳、咽喉不适、手脚发热，严重时会引起支气管扩张、肺结核等现象。防秋燥的饮食之道在于多喝温水、淡茶、新鲜果汁、豆浆等，但要如小鸟饮水般量少而次多，而非牛饮，也要多食蔬菜及水果，如百合、萝卜、菠菜、莲子、木耳、薏仁、燕窝等性平凉之物，要少食韭菜、大蒜、辣椒、姜、八角、茴香、青葱等香辛料，油炸之食亦须避免。如果因天气一凉，就想吃麻辣锅、炸臭豆腐等，只会使秋燥上身，不仅伤了秋肺，也祸延冬日养身。

处暑节气民俗 ｜ 中元节日与天地水三界公

民俗节日有其演变的过程，原始社会多以自然崇拜万物有灵为主，神格最高的是不具固定形象的天、风、地、水等等。随着文明社会的发展，平民需要更贴近人类经验的神格想象，以人为本的各种神话人物就登场了，如掌管天界的玉皇大帝。之后神话的信仰变成了宗教信仰，从佛教的释迦牟尼、观世音菩萨到基督教的耶稣及伊斯兰教的穆罕默德等等，也变成了重要的"神格"，由宗教故事产生的各种神诞日及事迹也成为民俗节日的源头。宗教之神十分尊荣，但民间更需要了解生民之苦之欲的神，因此历史人物死后变成的鬼神，就成为更大量的神的原型，如民间虔拜的妈祖、关帝爷、城隍爷等，也丰富了各地的民俗节日。所谓民俗，必须有民间自发的约定成俗的力量，譬如妈祖过生日，从庙方祭典到民间神桌祭拜，都汇集了各种庆祝的仪式。

民俗节日有其民间的生命力，相形之下，由官方确定的节日却常常后继能量不足，像我上学时期，某些名人的诞辰都是极受重视的节日，到如今，在台湾却逐渐遭受漠视。

节日也有其风水轮流转，背后自有人为的因素，例如古代极受重视的农历三月初三上巳节，现今在台湾几乎被遗忘，反而日本京都仍然举行上巳修禊的神事。有的节日虽然继续举行，但原始的意义却可能改变。例如农历七月十五日的中元节，一般人都知道中元节要普度亡魂，家家户户在门口准备五牲给无人祭祀的好兄弟吃，以确保人间平安，但中元节成为鬼节是受了佛教目莲救母的传说所发展出来的盂兰盆节的影响，许多人反而忘记了中元节原本祭拜的并不是鬼，而是自然界。

在台湾民间信仰中，有祭拜天地水三界公的习俗，分别是农历正月十五上元节祭拜天官大帝，农历七月十五中元节拜地官大帝，农历十月十五日下元节拜水官大帝。这天地水原本指的是自然界最原始的生命力，天地水既是人之所需，又可毁灭人类，因此敬天地水与畏天地水是一体之事。

但当人类逐渐脱离自然之后，谈天地水对有些人而言是不够具体的，自然崇拜反而需要人间的想象力，于是就把天地水的自然力转换成人间社会的官职与帝位，天地水就变成了天官、地官、水官大帝。其实世上哪有什么官、什么大帝的力量比得上自然力，只是短视的人们，往往只看得到人间社会的力量。在平常日子里，小小地方的官都好像很有权威，但碰到天灾大难临头时，却是皇帝大人都不管用的。

中元普度的日子里，我们需要好好思索三界公的真实意义是什么，拜天地水三界公的前提是要先敬畏自然法则的力量，把天地水封成大帝拜拜却不顾自然力是不管用的，我们需要神圣的节日来提醒我们自然界的神圣。在中元节，我们应当好好反省先民信仰中在中元祭地官大帝的原始意义是什么，如把房屋盖在断层带上，遇到地牛翻身，地官大帝也保佑不了。我们必须反省人类的受难，寻求生命的升华。

今年，让我们过个恢复对天地水敬畏的中元节吧！

处暑节气餐桌 ｜ 秋刀鱼之味

在台北，处暑时人们还不会强烈感觉到夏天被"处决"了，而在属于温带气候的东京，夏日炎热潮湿，处暑前后暑气终止的感觉较为明显。我就认识一对东京老夫妇，每年夏天都会去欧洲避暑，处暑前才回来。

老夫妇约我们见面，说要吃新上市的秋刀鱼，秋刀鱼是节令鱼，每年在处暑左右最美味。我年轻时看小津安二郎的电影《秋刀鱼之味》，还不太明白电影中的老父亲舍不得嫁女儿的心情，及至自己也中年近老了，才明白电影用秋刀鱼之味暗喻人生之秋的滋味，就如秋刀鱼清甜中带苦涩。而秋刀鱼的形状正如一把尖刀，象征着把人生之盛夏给处决了。

东京的处暑，晚间已有凉风，秋天的脚步已慢慢接近。我们在赤坂的小料亭[①]先吃新鲜秋刀鱼做的生鱼片，这个滋味在

[①] 日本一种价格高昂、地点隐秘的餐厅。

台北难以尝到，因为秋刀鱼不耐放，容易生腥气。新鲜的秋刀鱼不蘸芥末酱油，佐以姜葱蘸酸橘酱，吃来清爽脆口。再吃炙到半熟的秋刀鱼寿司，这种口味我也没吃过，真是创意做法（一般只用鲣鱼、金枪鱼做如此烧霜处理）。最后当然吃我熟悉的炙烧秋刀鱼，但因为是新鲜的鱼，烤好的鱼肉仍然鲜活有弹性，尤其是鱼内脏的苦味回旋口中，层次异常丰富，比顶级庄园的黑巧克力之苦还令人迷恋，秋刀鱼之苦是有肉体气息的苦味。

三味秋刀鱼吃下来，美味催眠了我，我变得十分欢欣，对人生的看法也更正向了。何必惧怕人生之秋呢？若能像品味美好的秋刀鱼般度过人生之秋，也可以过得很丰富，毕竟有的滋味只有秋天才有，如秋刀鱼的苦味、柿子的涩味，对于懂得品味者，苦涩亦是美味。人生不也如此？懂得生命微苦微涩，才会更珍惜人生的甘甜。

处暑节气旅行 | 罗马晚夏早秋的美味

八月下旬，欧洲已进入当地夏天的尾巴（此时是处暑节气，已有早秋气息了）。我们来到罗马，旅程已近尾声，胃也想休息了，威尼斯式海鲜、佛罗伦萨式牛排都不再引人垂涎，只想吃些清爽的食物。还好朝鲜蓟和笋瓜花还未下市，犹太式炸朝鲜蓟要到犹太区去吃，炸的是比一个拳头还小的深紫色的朝鲜蓟，笋瓜花瓣中夹软奶酪和咸鳀鱼裹蛋汁面衣炸，两式炸物都处理得不油腻，不输日本人的天妇罗（炸物本是日本人从南欧人处学来的），配上清淡爽冽的奥维多白葡萄酒，让暑热的晚夏也有了食兴。

罗马的历史中心区不大，我喜欢住在近万神殿一带。往南走十分钟，可以到老犹太区吃炸朝鲜蓟，往西南走十分钟到鲜花广场吃炸笋瓜花。鲜花广场上有个当年因坚持日心说而被教廷判在广场上受火刑的布鲁诺，但世人多忘了他，反而"贪生"的伽利略知道惹不起教廷而收回日心说保住了命。人生在世是否要和强权抗争，布鲁诺和伽利略的两例，真令人为难啊！

从旅馆往西走七八分钟就是费里尼的电影《甜蜜的生活》中有着四大洲（当年大洋洲还未发现）喷泉的诺瓦诺广场。这座巴洛克式广场旁的餐厅食物比平民的鲜花广场细致。我喜欢坐在一家熟店的露天座位上，吃强调不用冷冻食材只用新鲜作料现做的意大利面。罗马人在晚夏会吃很简单的面，例如带点儿辣味的西红柿酱汁拌蛋面或用新鲜西红柿、茄子、罗勒调制的螺旋面。我用午餐时在店家于黑板上写的时令菜单中看到了刚上市的秋日牛肝菌——我虽不精通意大利文，但和饮食有关的意大利文却认识不少——叫了一份生吃的和一份油烤的，扑鼻的菌香让我提前享受到早秋的风味。

在意大利旅行时，尤其是在大城市的观光区，想随便吃到美味的食物并不容易。有些生意人只爱赚钱，只卖千篇一律的观光客餐。对没闲工夫看城市饮食指南或上 Tripadviser 猫途鹰网站查询的人，有个简单的方法，就是看店家有没有在餐厅外张挂时令菜单或主厨建议。不管什么城市，总有对自己工作有理想的人。好的店家在服务观光客时，也想对自己城市的美食尽一份介绍责任。

我在旅馆附近的小比萨店，吃到了用四种较不平常的新鲜西红柿做的手工罗马比萨，用了黄色的樱桃西红柿、红色的葡萄西红柿、长方形的西红柿、瓣状的西红柿，每一种西红柿都有自己的口感和甜味。店家还替这个综合西红柿比萨取名慢食比萨，大概是受慢食运动保育特殊品种的影响。有保育也要有消费才可持续下去，吃一份照满夏季阳光的不同品种的新鲜西红柿比萨，也可支持辛苦栽种特殊品种的农人。在晚夏的罗马，吃沙拉也是不错的选择。有几种罗马人爱吃的菜式：水牛奶奶酪、西红柿配芝麻菜，或蜜瓜生火腿，或各式香草叶配炭烤黄椒红椒紫茄。我多将这几种冷食当成晚夏夜晚的轻食，之后再放纵地吃上一大杯四色水果雪酪冰激凌。意大利的确是世界的冰激凌王国，每一个城市都会有几家好吃极了的优质手工冰激凌。据说罗马的冰激凌有多达一百五十款的口味，夏天我决不吃巧克力口味，都吃柠檬、白桃、罗勒、菠萝、西瓜等口味，这些夏天的时令水果冰激凌是最好的晚安曲。

我们的旅行在罗马即将告一段落，在晚夏早秋温暖微凉的天气中，我吃到了季节交替的滋味，而飞返台北之后的我，又将展开新的生活。人生一程又一程，一季又一季，旅行中许多琐事日后或许会遗忘，忘不了的是季节的美味和人生有伴相随的甜蜜。

处暑节气诗词

《袭美见题郊居十首，因次韵酬之以伸荣谢（其八）》
　　［唐］陆龟蒙

　　强起披衣坐，徐行处暑天。
　　上阶来斗雀，移树去惊蝉。
　　莫问盐车骏，谁看酱瓿玄。
　　黄金如可化，相近买云泉。

《秋日喜雨题周材老壁》

[宋] 王之道

大旱弥千里,群心迫望霓。

檐声闻夜溜,山气见朝阼。

处暑余三日,高原满一犁。

我来何所喜,焦槁免无泥。

《七月二十四日山中已寒二十九日处暑》

[宋] 张嵲

尘世未徂暑,山中今授衣。

露蝉声渐咽,秋日景初微。

四海犹多垒,余生久息机。

漂流空老大,万事与心违。

《次韵毕叔文苦旱叹》

[宋] 赵蕃

尔何不归乎故宇,却向殊方书闵雨。

江东数月不得书,忆弟看云在何许。

旧传重湖北之北,米贱真成等泥土。

如何比岁公及私,衰竭不能堪再鼓。

贫家一饭有并日,远市朝炊或亭午。

朱门但知粱可厌,我辈翻嫌字难煮。

晚且禾秀早向实，春箕不须逾处暑。
胡为旱势复如此，坐致诗人形苦语。
如闻巫觋有通灵，肸蛮似逢人问妪。
前朝一雨苦不难，况今磨神无不举。
会当劳以三日霖，绿浪黄云看掀舞。

《处暑气候农业诗》
佚名

处暑伏尽秋色美，玉主甜菜要灌水。
粮菜后期勤管理，冬麦整地备种肥。

节气 15 白露

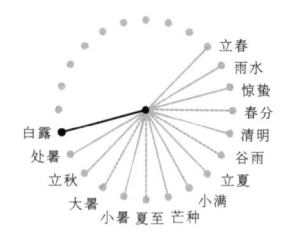

阳历9月7日—9月9日交节

白露节气文化

当太阳运行至黄经一百六十五度时，即阳历九月七日至九月九日之间，就到了秋天的第三个节气白露，因此白露也被称为"三秋"。白露是物候现象，指的是因气温下降天气变凉，每天晚上的寒气从入夜到清晨在地面或草木上结成了白茫茫亮晶晶的露珠，因而称之白露。白露是个很美的节气之名，唐代大诗人李白形容白露最巧，"玉阶生白露，夜久侵罗袜。却下水晶帘，玲珑望秋月"，把白露的形、色、光、情都描写得十分传神。

古人观察到白露三候现象，《月令七十二候集解》记载"鸿雁来""元鸟归""群鸟养羞"（羞同"馐"），意思是此时大雁开始南飞避寒，北方的燕子开始南归，而百鸟为了过冬开始储备干果作为冬馐。

白露是秋天中日夜温差最大的时段。在《夏九九歌》中，夏至过后，到了处暑是七九六十三，夜里入睡要上床寻被单，到了白露是八九七十二，夜里就会思量盖夹被了。就是怕夜露湿重而受凉，才有"白露勿露身，早晚要叮咛"的俗谚，叮咛人们要注意早晚温差以免受凉。白露在处暑后十五日，也还在"处暑十八盆"所说的处暑后十八日内，此时仍然需要水盆冲凉，但过了白露三日后，天气就真正凉了，身体也不会再流汗了。

白露节气和农事、花事关系密切，处暑时收获高粱、玉米等新粮，白露是种麦、育菜苗的时节。有些农谚，如"秋靠露，冬靠雨。白露勿搅土"和"白露白迷迷，秋分稻秀齐"，都在说明白露有露水的重要性，但这些露水千万不可变成雨水，因为白露后若下雨就惨了。农谚的"白露前是雨，白露后是鬼"，就指离秋分愈近，愈不可有雨来搅土破坏收成。白露花事亦多，蓖麻、藜科等植物纷纷开花，南方的桂花也在此时处处飘香，白露之秋和清明之春正是一年之中重要的两大花期，也是人们最容易发作花粉热的时期。

因白露两字入诗容易，不少大诗人都写过白露的节气诗。李白对白露节气十分钟情（是否和他叫李白有关？），除了前面提到的"玉阶生白露"，还写了几首和白露相关的诗，比方《金陵城西楼月下吟》：

金陵夜寂凉风发，独上高楼望吴越。
白云映水摇空城，白露垂珠滴秋月。
月下沉吟久不归，古来相接眼中稀。
解道澄江净如练，令人长忆谢玄晖。

这首诗以白露入诗，假借了季节的清冷转换成历史的空凉，读来才如此静寂，"白露垂珠滴秋月"，几乎可以听到清冷的露珠点滴声。

李白还有一首《代秋情》：

几日相别离，门前生穞葵。
寒蝉聒梧桐，日夕长鸣悲。
白露湿萤火，清霜凌兔丝。
空掩紫罗袂，长啼无尽时。

白露与清霜对得真好，以物述情，跃然纸上。"寒蝉聒梧桐",仿佛听到自然界在弹古琴,"空掩紫罗袂","紫"字衬出眼下清凉萧瑟之色。除了李白,李白的好友杜甫也不遑多让,写下了脍炙人口的《月夜忆舍弟》:

戍鼓断人行,边秋一雁声。
露从今夜白,月是故乡明。
有弟皆分散,无家问死生。
寄书长不达,况乃未休兵。

一句"露从今夜白"的千古名句,立即点出了世态人生的凄凉,"无家问死生"一句,也让我想起我父亲那一代所承受的海峡两岸亲人相隔四十年的时代之苦痛,真悲凉啊!

李白、杜甫的白露诗,都深藏着秋思秋悲,令人不胜感怀。但陆游有一首《秋日睡起》却写出了另一种达观的生活之道,让人读来很释怀:

白露已过天益凉,练衣初覆篝炉香。
天其闵我老且惫,付以美睡声撼墙。
离骚古文傍倦枕,砥柱巨刻悬高堂。
睡余一读搔短发,万壑松风秋兴长。

这首诗读来就让人感受到陆放翁的活到老看透人生的可

爱，银发族应多读放翁旷达之诗，才可提振生命力，面对老境能乐观相处。一句"万壑松风秋兴长"，语气真豪迈啊！

白露起，阴气逐渐旺盛，人体内若阴湿过重，就容易出现支气管哮喘、咳嗽、风邪与关节风湿的现象。在中国江浙一带，白露节气有吃十样白（秋日五色主白）的食俗，十样白即十种以白为前缀的草本植物，如白术、白及、白木耳、白木槿、白果、白莲子、白百合等，用这些植物熬煮白毛乌骨鸡，据说可以补阳去身体的风湿。

白露时节亦要补肺，在五行五色养生的思维中，秋天以白色养肺，而秋季当令的食物又以白色为主，想想看，柚子、银杏、梨子、川贝、百合、山药、白木耳不都是白色的吗？用以上这类食材，就可做出如水梨炖猪肺、白果炖燕窝、百合炖鸭蛋、蜂蜜核桃山药、杏仁牛奶、白果豆腐皮粥等，都是白色的白露养生饮食。

白露时节身体容易过敏，要特别小心容易引起过敏的食物，例如螃蟹、虾、韭菜花、辣椒等，凡是容易引起火气、刺激性强的食物都要忌口。另外，对花粉特别敏感的人，外出要戴口罩，还要多吃可润肺化痰之物，如百合、杏仁、川贝、西洋参、沙参等。

白露节气民俗 | 中秋节的传说

二〇一四年的中秋节来得特别早，农历的八月十五日竟然在公历的九月八日，比往日常在秋分（阳历九月二十二日至二十四日之间）前后才遇上的中秋节，整整早了约一个节气（十五日），因此二〇一四年的中秋特别热，连晚上都没凉风。未到秋分凉风不至，闷热的夜晚使得烤肉的兴致也减少许多，再加上"馊水油"（即地沟油）事件，二〇一四年的中秋节对台湾民众而言特别没情调。

中秋节当天有位美食界的朋友送来一盒月饼。此兄说他今年收到了四十几盒月饼，只有到处分送。现今收月饼成灾的人或许应该发起月饼待用的爱心活动，把收到根本吃不下的月饼送至某集中地，再分送到想吃却买不起月饼的人手中，这种活动就叫月亮代表我的心吧！

在一年三大节（端午、中秋、农历新年）的食俗中，送月饼的人多过送粽子和送年糕的，可能和粽子、年糕如今在平常日子也吃得到有关，不像月饼，大多在中秋节才会买、才会想吃。我平常会吃粽子、年糕，但一年中只有中秋会应景吃月饼，因年纪一长，吃月饼的兴头愈来愈小。外子也说他小时候最期盼吃月饼，但现在却对月饼没什么胃口，反而是湖州粽每个星期都会想吃一颗。

关于月饼起源，以前大家都听过这样的传说：汉人要对元代统治者起义，相约在阴历八月十五夜活动，密约就写在纸上塞进月饼中，起义之士互相送月饼告知。月饼虽在宋代的《梦粱录》中已有提及，但同今日之月饼不同，且未与中秋直接关联。至于馈赠月饼，明代《酌中志》确有记载，不过未见此传说相关文献。

这则月饼传说太泛政治化了。我喜欢的关于月亮的传说，是早在屈原写《天问》时就提到的玉兔，之后汉晋的传说中有了桂树，唐代又有吴刚伐桂树的传说，而民间在祭月时，也会祭兔。

这些传说，本来只当故事听，一直到开始研究节气、八字、五行后，有一天忽然想通了极简单的道理，就是阴历八月地支是酉，酉属金，木的地支是卯，酉卯冲即金克木。这些八字五行相克相生之理，一般民众，尤其小孩哪里会懂，于是抽象的八字逻辑的酉金克卯木就用吴刚伐木来象征（这就是为什么吴刚要叫刚了，形容其刀之坚锐），而卯既象征木又代表兔子，伐桂树（桂树是秋天的树）有木在酉（金）月受克之意。至于为何不杀兔子，而是让吴刚伐桂时玉兔在旁观看，则是编故事者的高明。如果故事编成兔子被砍得血淋淋，这则故事还能说给小朋友听吗？早就流传不下去了。我们听过杀鸡儆猴，吴刚是砍桂（木）儆兔（卯），有趣的是酉卯相冲的八字道理，就深藏在中秋节的传说之中，等待有心人的发现。

白露节气餐桌 | 秋果的恩宠

一过白露,时近秋分,上市场走走,就可看到许多秋果上市,就让我想起了银杏。

记得十几年前陪父亲回大陆老家探亲,到了江苏省的如皋市,当年父亲已八十岁,仍然有不少父亲的长辈来饭店欢迎他。这些父亲也得叫叔叔婶婶、表哥表嫂的人,个个看起来气色红润,脸上皱纹不多,老人斑也少,还有骑自行车来的,一问年龄,这些人竟然大多已九十来岁了,简直不可思议。

如皋市在大陆以平原上的长寿乡出名,因为其他长寿的地方都在高山幽谷,不像如皋市位于江北挺繁荣的地方,离南通市区不过一个多小时的车程。

我问当地的耆老长寿的秘方是什么。他们说因为这里家家户户都种银杏树,连街道上的行道树也是银杏树,而许多银杏树都有七八百年的历史了,平常绿荫满街,一到秋天,都是黄金般灿烂的黄叶。当地人说他们有吃银杏的传统,而且是吃树上采下来的最新鲜的银杏,但每天吃不多,因为银杏有微毒,一日不可吃超过六粒。

我也想起每年秋天一到,日本京都人的土瓶蒸内一定会放进几粒新鲜的银杏,而居酒屋中也会推出盐烤新鲜银杏,一串三粒,吃两串刚好。

京都的大街上也种了不少银杏树，像东本愿寺旁的乌丸通①上，秋天金叶闪动的景象也十分美丽，其中的老银杏树，据闻也是当年开寺的僧人所植。从家中院子到路上种银杏树，不只可以提供珍贵的银杏果，对空气还有净化的作用。老树的功效真大，这也是银杏树被称为神树的原因。银杏虽好，但不要以为去买冷冻的或包装成胶囊的银杏精也有同样的作用，爸爸家乡的人告诉我，他们从不吃不新鲜的银杏。要吃新鲜的银杏，人得离银杏树不远，这正是和自然共生的智慧，自然会将恩典给予懂得与它和平共处的人们。我问当地老人会不会给银杏树下药施肥，这些人奇异地睁大眼看着我，说干吗害这些树，它们有老天爷照顾。的确，粗放的银杏树才有原始的生命力。与自然和谐相处的人，懂得自然的真善美，不会受商家之欺，把人工制成的银杏精说得天花乱坠。

　　秋果上市，我看着市场中的栗子、柚子、柿子、梨子、水蜜桃、蜜苹果等，这些都是防秋燥可润肺的珍果，但有些还以粗放的方式种植，下药施肥不重，有些却药多肥重，消费者可要懂得分辨。农人也当好好想一想，何必过度使用农药肥料折磨大自然秋天的恩宠之果呢？

---

① 京都市中心一条重要的街道。

白露节气旅行 ｜ 京都白露怀石之味

在十六世纪的日本安土桃山时代，茶道宗师千利休大力推广"和、敬、清、寂"的茶道侘寂文化，但因空腹直接饮用发酵度十分浅轻的抹茶，很容易让胃不适，他想到了在用茶之前吃些茶食。

这些茶食只宜小填胃，绝不能饱腹，因为之后的正事是品茶，这可要跪坐在榻榻米上好长的时间。饱腹之人绝对不耐久跪坐，再加上品抹茶时，需要很敏感的味蕾及专注的心思，因此茶食宜清淡，绝不可夺茶之味。

千利休创出一汁三菜的怀石料理，取名"怀石"，用典甚雅，乃因有些修行中的禅宗和尚为了止饥，会把石块温热后，置于腹上，以减少腹中的空寂感。

怀石止饥是为了修行，怀石在此取代了真正的食物，强调精神的力量，以象征取代实用。怀石料理由此出典，自然延续着这种象征主义的作风，其以空的境界、留白的韵味来布陈食物的手法，与宋人在山水画中大量留白的画风如出一辙。

记得我第一次去京都旅行时，在龙安寺的方丈庭园，看着室町时代留下的枯山水，细纹白砂上，散落着几块岛状的灰石，如此简单，如此空灵，意思却是天地无限。

九月下旬，秋华的香气飘散在洛北山林间，热爱秋茸（蘑菇）的京都人等了一年，又到了可以在土瓶蒸内放上新鲜而非干燥的秋茸的时候。我和朋友坐在位于东山附近的"菊乃井"料亭吃怀石料理，吃着加了秋茸的御饭和土瓶蒸，沉醉在秋茸无与伦比的香气之中。朋友说，秋茸把大地丰收的滋味全收成一缕幽香了。

怀石料理的分量极少，跟近代中国人团圆饭的概念正好相反。怀石尚"空"，如一轮新月挂在枯枝头，虽冷清，但月意幽远；中国人的团圆饭尚"满"，要像圆月般丰满完整。

吃中国饭，大口吃菜大块吃肉，饱足后，也就解脱了：从中国历史上无数饥荒与动乱的忧虑与恐慌中解脱。因此，食物要"满"，来填满腹中和心底的不安全感。

怀石料理却是修道人的食物，食物只是人和天地对话的媒介，而非阻隔，一点点食物，让人怀想春风秋月夏绿冬雪。

怀石料理讲究食物的本色，时令和季节感是食材的灵魂，小小口的怀石食材，要吃得出季节的律动。

白露节气诗词

《白露》

[唐]杜甫

白露团甘子,清晨散马蹄。

圃开连石树,船渡入江溪。

凭几看鱼乐,回鞭急鸟栖。

渐知秋实美,幽径恐多蹊。

《洞庭秋月行》

[唐]刘禹锡

洞庭秋月生湖心,层波万顷如熔金。

孤轮徐转光不定,游气濛濛隔寒镜。

是时白露三秋中,湖平月上天地空。

岳阳楼头暮角绝,荡漾已过君山东。

山城苍苍夜寂寂,水月逶迤绕城白。

荡桨巴童歌竹枝,连樯估客吹羌笛。

势高夜久阴力全,金气肃肃开星躔。

浮云野马归四裔,遥望星斗当中天。

天鸡相呼曙霞出,敛影含光让朝日。

日出喧喧人不闲,夜来清景非人间。

《和答诗十首·和松树》

[唐]白居易

亭亭山上松,一一生朝阳。

森耸上参天,柯条百尺长。

漠漠尘中槐,两两夹康庄。

婆娑低覆地,枝干亦寻常。

八月白露降,槐叶次第黄。

岁暮满山雪,松色郁青苍。

彼如君子心,秉操贯冰霜。

此如小人面,变态随炎凉。

共知松胜槐,诚欲栽道傍。

粪土种瑶草,瑶草终不芳。

尚可以斧斤,伐之为栋梁。

杀身获其所,为君构明堂。

不然终天年,老死在南冈。

不愿亚枝叶,低随槐树行。

《秋怀诗十一首(其二)》

[唐]韩愈

白露下百草,萧兰共雕悴。

青青四墙下,已复生满地。

寒蝉暂寂寞,蟋蟀鸣自恣。

运行无穷期,禀受气苦异。

适时各得所,松柏不必贵。

《送别》
[唐]高适

昨夜离心正郁陶,三更白露西风高。

萤飞木落何淅沥,此时梦见西归客。

曙钟寥亮三四声,东邻嘶马使人惊。

揽衣出户一相送,唯见归云纵复横。

《秋日睡起》
[宋]陆游

白露已过天益凉,练衣初覆篝炉香。

天其闵我老且惫,付以美睡声撼墙。

离骚古文傍倦枕,砥柱巨刻悬高堂。

睡余一读搔短发,万壑松风秋兴长。

16 秋分

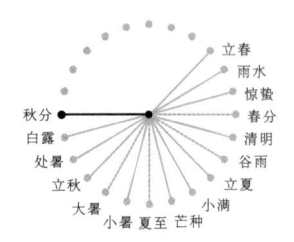

节气

阳历 9月22日—9月24日 交节

秋分节气文化

当太阳运行到黄经一百八十度时，即阳历九月二十二日至二十四日之间，这一天太阳直射赤道，刚好昼夜的时间均分，因此称秋分。秋分亦是天秤宫的起点。秋分也称秋半，因为这一日正是秋日九十天的一半，过了这一天，太阳直射的位置逐日向南移动至南回归线，北半球每天的白昼慢慢减短，黑夜增长。在西方人是非黑白的气候观中，秋分才代表夏天的真正结束以及秋天的正式开始。

中国人则把秋天区分成立秋的"迎秋"和秋分的"祭秋",这两者有何不同呢?立秋时天子率百官到城西门外西郊处迎秋,这时祭拜的是秋神在天的概念。因为中国人知道秋天已经在天上成形了,但要等秋天走到一半,秋天才真正现身地上,因此秋分时天子和文武百官会在城中央的土地祭拜秋神,这时拜的是秋神在地的概念。区分祭天与拜地的观念亦是中国人对天地较幽微的看法。

城中央之地即社,代表神圣的土地,中国人最早的城邦意识即来自结社,因此对中国人而言,春分与秋分的社日都十分重要。

中国古代春分与秋分都有春秋大祭,春社大祭以春耕为主,秋社大祭以秋收为主,春社许愿当年风调雨顺收成佳,秋社时还愿谢神明庆秋收。古代天子的政事和农事密切相关,如果一年农事不佳,在秋社时天子就得向天地告罪。

社的观念原本只是神圣的土地,后来自然有灵的思维慢慢转变为人格神,就有了土地公的概念,秋社也成了民间祭拜土地公(社公)的日子。后来人们怕土地公寂寞,才又有了土地婆(社婆)的出现,借着祭拜土地公婆的名目,秋社也成了人们在秋天请客吃饭的日子(否则祭品谁吃?)。社日要吃社饭喝社酒品社糕,也都和新米入仓的习俗有关:新米煮饭最香,饭上铺着煮熟的猪羊肉、肚、肺;社酒即新米酒(因此日本人才把当年新酿成的清酒叫社酒）；社糕亦是用新米做出来的各种甜米食，米糕上要插五色小旗子代表五行俱足。

秋分是重要的收成时节，天气的稳定性很重要。秋分的农谚"秋分天气白云多，到处欢歌好晚禾；最怕此日雷电闪，冬来米价道如何"说明了秋分不怕多云小雨，却不可有雷电暴雨。

《月令七十二候集解》上秋分记有三候现象"雷始收声""蛰虫坏户""水始涸"，表示秋分后阴气旺盛，喜阳盛的雷就不该发声，如还发声，就代表当年天地的阴阳不平衡。此外，天气趋冷，准备冬蛰的小虫开始藏入土中，并且用细土封户以防寒。这时候的雨量渐小，即使秋雨绵绵，也都是小雨，天气也愈来愈干燥，以至水塘、沼泽、河流、湖泊的水都愈来愈干涸。

秋分时秋天已成形，对诗人而言反而不如立秋、白露等节气引发秋思，因此诗人多喜欢咏早秋或晚秋而非仲秋。虽诗词较少，但在秋分诗词中有一首宋代诗人陆游反映日常生活的好诗《秋分后顿凄冷有感》：

> 今年秋气早，木落不待黄。
> 蟋蟀当在宇，遽已近我床。
> 况我老当逝，且复小彷徉。
> 岂无一樽酒，亦有书在傍。

饮酒读古书，慨然想黄唐。

耄矣狂未除，谁能药膏肓。

对陆放翁而言日日皆好日，只要饮酒读古书，心态真是老而弥坚，令人向往。秋分时节，亦是中秋佳节，宋代杨公远有首《癸未中秋》：

凉入郊墟暑渐微，奈何节序暗推移。

景逢三五秋分夜，光异寻常月满时。

按舞霓裳仙绰约，长春灵药兔迷离。

广寒宫桂花空发，近世无人折一枝。

秋分夜逢月圆，天地人一起庆月圆地满人团聚。此诗也暗藏寂寥，"近世无人折一枝"道出诗人的难遇知己。

秋分节气由于昼夜相等，也代表天地的阴阳平衡，人体也应当阴平阳秘，不可失衡。在秋分的养生之道中，要注意凉燥现象，在秋分之前因仍有暑热，秋燥以温燥为主，但秋分之后天气转凉就成为凉燥，凉燥常见的现象是干咳无痰、容易怕冷、头痛鼻塞、口干舌燥，此时要多食益肺润燥的食物，如核桃、甘蔗、雪梨、糯米、蜂蜜、芝麻、柑橘、山楂、苹果、葡萄等等。

预防凉燥要忌口食物，要遵守"少辛增酸"（秋季五味主酸味）的原则，要少吃葱、蒜、茴香、姜、辣椒，千万不要以为天气凉了就可以大啖麻辣锅，否则火气上身可不好受。

秋分节气民俗 ｜ 孔子为何作《春秋》？

二十四节气是怎么来的？早在远古上三代时，古人最早发现一年之中土圭投射之影最短的夏至与最长的冬至。换用今日天文学的解释，地球绕着太阳公转的路径即黄道，对北半球的人而言，当太阳直射北回归线时，是北半球日照时间最长的一天，即夏至；当太阳直射南回归线时，则是北半球日照时间最短的一天，即北半球的冬至。夏至昼最长夜最短，反之，冬至昼最短夜最长。到了周代时，除了夏至、冬至，也有了春分、秋分的记载。春分、秋分是古人发现的另两个天文现象，即一年之中会有两天土圭投射的日影适中，照今日天文学的解释则是一年之中，太阳直射点从北回归线移至南回归线后，再折返至北回归线，在这一过程中，太阳直射点先后两次经过赤道，直射赤道的两天即日夜等长的秋分、春分。

夏至、冬至、春分、秋分即古代的四大节气，后来再发展成八大节气，到了汉代，在《淮南子·天文训》中已可以看到完整的二十四节气的记载。

节气是记录地球绕着太阳公转的黄道路线的二十四个标记，对地球上的人而言，可标记一年当中太阳和地球的日照关系，这就是所谓的太阳的历法（阳历），希腊人的黄道十二宫开始的白羊宫，亦即黄道春分的开始。

我们可以想象，在天文学还是新兴的探索领域时，古代好学的人对各种天文现象一定怀抱着极大的求知热情，也许当时有一个智者，后人称他为孔子，对太阳施与地球的日照竟然有极多与极少的两种，但也有平等平均的两种感到好奇。这位从自然天文现象中思索，进而把自然哲学发展成经世哲学的圣人，领悟出一个重大的道理，即好的君主应当学习有平等精神的春分与秋分的太阳，而不能学习行事不均衡的夏至与冬至的太阳。从这个思想出发，这位智者又想到能实践春分与秋分日夜等长哲理的人一定不是普通的人，而是仁人。我们仔细来看看"仁"这个汉字吧！那两横不正像春分与秋分日夜相等的天文记号吗？

当我想到孔子或许从春分、秋分的天文现象中发展出他的政治哲学时，我也看到了一个对天地人的天文关系有感应有想法的人，也突然懂得了孔子为何作《春秋》。春秋大义谈的就是平均平衡中庸的中道精神，所以孔子作《春秋》而不作"夏冬"。而所谓天道不仁也成为很容易理解的话，天道有春分、秋分，也有夏至、冬至，故天道无法仁，但人如果肯奉行春分、秋分的平等精神行事，反而可以行仁道。

孔子真是浪漫的思想家，仁道精神虽美，但想想老天一年也只有春分、秋分两天日夜等长，要人类三百六十五天都学春分、秋分多难啊！怪不得自古以来，常见天道不仁，很少见到真正实行仁道的统治者。孔子虽明白鲜矣仁，却仍然坚持一视同仁的精神，真是知其不可而为之的仁人志士，而后世儒家不谈仁的平等精神，反而多谈君臣相处不平等的五伦，也许和不敢违抗古代帝王的封建思想有关。

秋分节气餐桌 ｜ 秋分米食丰

秋这个字，一看就仿佛见到了原野上的禾谷火红了，秋天的大地形状，就是禾谷成熟了。所谓的秋收，最重要的收成就是禾状的百谷。

虽然说的是百谷，恐怕早已无人能说出原始的百谷为何。从神农氏创立了农业以后，"因天时，相地宜""教民艺五谷"，五代表了中国人天地五行秩序的识别系统，百谷成了五谷杂粮。从黄帝"艺五种，抚万民"，到《诗经》中记载后稷获良种如麦、麻、菽，再到《周礼·天官·疾医》记载五谷（郑玄注："五谷，麻、黍、稷、麦、豆也。"），至此都还不见今人熟悉的主粮稻，一直要到《孟子·滕文公上》中提到树艺[1]五谷，指的五谷才是稻、黍、稷、麦、菽。

稻米登场成为五谷之一，代表了古代农业技术的日渐成熟。农人都知道种稻不容易，比起黍、稷、麦、菽、麻都困难，在先秦时代，从《诗经》的各种记事中，我们都会发现当时人们的主食以黍、稷、菽为主，加上今日不再被当成饭吃的麻籽与菰米（茭白种子）。

在粮食之中，稻一直因为稀有而被视为尊贵之物，是适合神明吃的食物。用秋收入仓的新米酿制的甘酒，也成为先民在秋分秋社大祭时祭拜社神、农神、土地公的祭酒。一碗上插三支香（代表天地人）的白米，直到今日仍然是神坛祭桌上的重要祭品。

稻米成为南方人的主食，在人类的历史上是很晚期之事。白米饭一直不是穷人的那一碗饭，穷人是以杂粮为食的。白米饭的珍贵，也可以从不少诗句民谚中显现，像"谁知盘中餐，粒粒皆辛苦""米粒吃不净，脸上长麻子"。

台湾吃的稻米，早期的品种是由先人从闽南带来的，到荷兰人据台期间，已成过时的品种。为了改良品种，荷兰人从东南亚引进了如今我们称为"在来米"的品种。在来米是热带、亚热带地区的米种，米心的淀粉质较少，米粒较松、口感较脆，口味也不那么甘甜。这种米和今日泰国的香米较接近，生

---

[1] 种植。

长环境和台湾、闽南的气候风土也较接近。

但对主要来自温带地区的日本人而言,在来米却粗松难以下口,他们喜欢的米,要像新潟越光米那样黏软才好。因此日本人侵入台湾后,就在气候较似温带风土的阳明山竹子湖山区培育种植了今日著名的台湾蓬莱米。蓬莱米种的米粒黏性高,口感软而甜,和江浙一带的米种较相似,古代有名的浙江嘉兴米就以米粒黏甜著称（因此嘉兴才以粽子出名）。

所谓米有百种,以米做成的米食更何止百种,早期先民社会因米贵重,直接吃白米饭的机会较少,反而创造出丰富的米食文化,让米食风景更多彩多姿。

品尝米食,最极致的上品,当然就是直接由米粒炊煮蒸熟的那一碗白饭。煮饭的学问大,先谈选米,上品的米当然是一年一收的,米口味丰厚,历经了完整的春耕夏长秋收的天地节气循环。淘米要先醒米,就跟醒酒一样,老米需要较长的时间醒,冬天醒的时间也比夏天长,至于新米则跟新酒一样不可醒太久,否则米香容易流失。

煮饭不管是用先民的釜还是甑,都是用直火把饭炊熟,现代讲究吃饭的人仍然认为用柴火蒸饭比电饭锅煮饭好吃。日本人迄今仍很看重吃饭这件事,因此米饭就等同食事的代表,而怀石料理中左下角那一碗白米饭就象征天地初心。

在日本食堂中,煮饭这件事常常由店老板娘负责。就像古代神官一样,供饭者要执事庄严,没有三年工夫学不好煮饭。

三年时间学什么？从选米（包括判断米种、米谷、米铺的好坏）、淘米（判断天气的温度与湿度）到加水添柴以及做人处事等通通要学，煮饭往往是厨子练修养的生活道场。

白饭蒸煮好了，愈早吃愈好吃，所谓"只有人等饭，没有饭等人"就是这样一回事，因此小锅现煮的饭当然比大锅饭好吃。用大锅饭形容粗陋之食即源于此理。早年人们一天要煮三次饭也是这个道理，哪有像今日煮一顿饭回蒸一整天或两三天都用微波炉回温的马马虎虎。

米饭适宜回蒸的只有糯米（因此粽子才包糯米），否则饭冷了就只能炒饭吃。炒饭倒是一定要用冷饭，而且用较松脆的在来米更适合（港式炒饭用泰国香米）。炒饭只宜用长筷搅，不宜用锅铲压挤，这样才能炒得粒粒分明而不碎、米心透熟、松脆可口。

热饭并非随手可得，上海人爱吃的汤泡饭和日本人讲究的茶泡饭，就是信手拈来的米食杰作。加热汤热茶就可以让冷饭复活成一朵盛开的花，尤其日本人食茶泡饭，不只有止饥之用，还成了简朴生活之道的象征（注意泡饭不宜胃不好者食用）。

至于稀饭，反而不能用冷饭加水继续煮。考究的粥，得用生米滚成热粥。潮州人的白粥要用小火鱼眼[1]慢滚七八小时让米粒化成糜，台湾人的咸粥讲究汤清饭明，也不宜用冷饭加肉

---

[1] 锅内水受热后将要沸腾时所冒起的形如鱼眼的水泡。

汤煮成浊糊糊。

台湾人早期吃的米都是在来米，因此台湾古早味①的米食多半都由在来米制成。一碗饭两碗粥三碗粿，可见丰富的米食可以比饭养活更多人。此外，米食还可善用旧米，新米因米香足，口感鲜甜，吃来最好吃，但一年中新米入仓的时间不过短短两个月，再碰上饥年就需有两三年的老米度灾。老米不香，但因淀粉质沉淀，米的延展性较佳，反而更适合做各式各样的米食。

像福建、台湾一带的各种粿，就是用一至两年的在来米打成的粿团或米浆，可分别依器具类型制作成米苔目、鼎边锉②、菜头粿③、甜粿④、客家粄条⑤等。

早期的米苔目都是用纯在来米制成的，不会加地瓜粉或太白粉⑥，用竹板制的器具"粑"可制成四五厘米眼睛状的米苔"目"（名称之由来），不像今天的米苔目都用机器制成二三十厘米的条索状。手工米苔目不易保存，要当天做当天吃。米苔目口感佳，甜咸两相宜。像我记忆中的童年，夏天的

---

① 闽南话中形容古旧的味道的一个词，也可以理解为"怀念的味道"。
② 一种米食小吃，流行于福建、台湾等地。其制作方法是用米磨成米浆，沿着大锅鼎边滚下，所成白白一片，就是鼎边锉。
③ 萝卜糕，潮汕地方汉族年糕的一种。
④ 糯米年糕。
⑤ 也称粿条，是一种流行于华南地区的米食，多以炒和煮汤的方式烹调，口感具有弹性。
⑥ 生的马铃薯淀粉，是将马铃薯干燥处理后所磨成的粉末，通常作为轻微的增稠剂使用。

早上去北投市场喝一碗透心凉的绿豆米苔目冰，冬天的早餐就包含同一摊家的韭菜豆芽肉臊米苔目汤。

我很爱吃碗粿。碗粿用的是在来米浆，要选一年半左右的在来米，先制成粿团蒸熟再打成米浆，这样制成的碗粿，吃来不容易胀气。台湾南部人爱吃的碗粿要在米浆中加肉臊，蒸出来是褐色的，不必加酱油膏料就够味。北部人爱吃的却是只加了萝卜干的白色碗粿，当然要蘸自制的酱油膏料才好吃。

客家粄条，广东人称之河粉，闽南人称粿仔，也是常见的米食，将米浆在平板上蒸熟再切为粄，早期是人工制作的，现在大多是机器制作的。粄条口味在台湾也分南北，南部较厚，适合炒，北部较薄，适合做汤。客家炒粄条和广东人的干炒牛肉河粉是同工异曲之味，越南人的牛肉河粉汤和闽南人的粿仔条汤也有相似之风。

米粉亦是重要的米食，以南部埔里镇为主的水粉较粗，久煮不烂，适合做米粉汤，北部新竹则制成细米粉，是炊粉的一种，要用当期的新米和上一期的旧米混合，取新米的香味和吸水性以及旧米的韧性。炊米粉适合煮切仔米粉、鸭肉汤米粉或炒米粉。好的米粉要选天然晒干的米而非机器烘干的米，据说天然晒的米口感扎实饱足，也比较容易保存。

在来米可变身为各种米食，还有爆米香①、草仔粿②、米血糕③等。米饭也可变形，如白米饭加卤肉臊，就成了台湾小吃中的名食卤肉饭了，此外用长糯米蒸出来的筒仔米糕以及用圆糯米炒出来的油饭，也成为过年喜庆的祭典米食。端午节吃的粽子，南部粽用生的长糯米水煮，北部粽则用圆糯米拌炒再蒸，也从祭典米食变成一年四季一天早晚的加餐米食。南部人早餐吃花生菜粽配味噌汤，台北人夜宵吃烧肉粽配萝卜清汤，都有太平时代的足食之感。如今，米食已经够吃到成为点心的时代了。

　　到了米食丰的现代，有些怕胖的人只吃菜不吃饭，但从前的人有句话："饭好吃，菜才好吃。"不懂得吃饭，恐怕也很难懂得品尝食物的真味吧！

---

① 台式爆米花，台湾传统的米食零嘴。
② 一种常见的汉族小吃，为闽南及台湾地区中元普度和扫墓祭拜之米制食品。味道咸，绿色外表，以植物叶为垫。
③ 以米和血所做成的米食糕点。

秋分节气旅行 ｜ 日本东北温泉乡探秋

曾经听说日本东北一带有不少温泉秘境，都隐藏在山麓深处，而且不少露天浴场还保持着传统的茅草木造风格，还有男女混浴的风情。

前几年的秋分，得空赴日本东北一游，特别选在仲秋，是因为陆奥山区的枫红景观来得早，一向被日本人推崇备至。想想看，如果泡在温泉池中，天空飘下火红的枫叶，慢慢掉入池中，该是多么迷人的事。

日本朋友推荐我们去位于田泽湖附近的乳头温泉乡，一来交通方便，从东京车站搭JR秋田新干线，不到三小时就可到田泽湖车站。田泽湖是日本最深的湖泊，附近有不少现代化的旅馆。有的旅人会在此先过一夜，游游湖，逛逛附近的田泽湖高原地带的山毛榉原始森林，至于想直接去乳头温泉乡的旅客，也可从田泽湖车站换羽后交通巴士，约一小时就可到达乳头温泉乡。

乳头温泉乡有七处温泉胜地，我们按照朋友的建议，先去乳头温泉乡最古老的温泉鹤之汤。这个温泉据说是一只受伤的鹤为了治疗自己而发现的，以富有疗效出名。过去秋田的藩主将此地当成温泉疗养地。

三百多年历史的鹤之汤至今仍有原始的古老茅草屋顶。这里有四种不同的泉质，其中被喻为美人汤的白温泉最受欢迎。据说这种白温泉洗后人的皮肤会变得特别柔嫩光滑。鹤之汤的露天浴场就对着一大片金黄、艳红的秋叶，白温泉的颜色有如"可尔必思①"，当红枫掉入池中时，红白相映，分外撩人。

旅馆提供的温泉料理是日本东北的乡土料理，有各种山菜杂煮，凉拌莼菜、松茸星鳗锅和用仙台味噌焖卤的仙台牛肉等，当然还有东北特色料理荞麦面。

东北的温泉和食物，妙就妙在"乡土"二字，因此风味自然，令人回味无穷。许多日本的温泉老饕，在游遍各处温泉乡后，都对东北的温泉乡最是称道。

第二天，我们转往乳头温泉乡中位置最偏远的黑汤温泉，这是乳头温泉乡中第二古老的温泉。由于位处山中，又都是茅草屋顶的木造屋，让人觉得此处不像旅馆，而像某人的山间木屋。

黑汤温泉的电力来自发电机，因此入夜后，露天温泉旁只挂上煤油灯，灯火在硫黄泉的白雾中迷离摇曳，让人有如身在幻境，此时特别不宜听鬼故事。

东北温泉乡，最适合喜欢寻幽探秘的旅客，身处荒野之中，泡着热热的温泉，任山风吹拂，听山语呢喃。想早一点儿看到初枫变色，你可从日本东北山区开始，沿着刚好和春日樱

---

① 一种日本老牌乳酸饮料，口感酸甜。

前线①路径相反的秋日枫前线,从秋分到霜降,由北而南,历经四十五日看尽秋枫灿烂的旅程。

秋分节气诗词

《晚晴》

[唐]杜甫

返照斜初彻,浮云薄未归。

江虹明远饮,峡雨落馀飞。

凫雁终高去,熊罴觉自肥。

秋分客尚在,竹露夕微微。

《夜喜贺兰三见访》

[唐]贾岛

漏钟仍夜浅,时节欲秋分。

泉聒栖松鹤,风除翳月云。

踏苔行引兴,枕石卧论文。

即此寻常静,来多只是君。

---

① 日本是狭长的岛国,南北气候差异很大。春日,樱花由温暖的日本列岛南端向北方依次开放,犹如锋面雨,因此形成一条由南向北推进的"樱前线"。

《老人星》

[宋] 赵蕃

大史占南极，秋分见寿星。

增辉延宝历，发曜起祥经。

灼烁依狼地，昭彰近帝庭。

高悬方杳杳，孤白乍荧荧。

应见光新吐，休征德自形。

既能符圣祚，从此表遐龄。

《秋分一首》

[宋] 苏籀

础湿岚昏近海多，剑霜清刮手亲磨。

轮囷马栈非难整，索漠牛衣且勿呵。

好住延陵皋泽去，强同溱洧济人过。

坐令幽谷还乔木，感论中原喻尉佗。

《怀潘邠屋》

[宋] 陈允平

洛阳才解佩，过眼忽秋分。

四海一明月，千山共白云。

雁烟迷晓树，虫露湿香芹。

满纸相思字，临风欲寄君。

《无言师还道院求诗》

[宋]赵师秀

师已无言矣,今吾何所云。

惟知佛照子,曾管雁山云。

天下闲为宝,人间热似焚。

筠州郡斋近,安坐过秋分。

《八月四日晚霹雳碎大柳木》

[宋]楼钥

秋分雷自合收声,白露明朝忽震霆。

怪得坐中惊欲倒,邻墙老柳碎中庭。

《秋分后十日得暴雨》

[宋]曹彦约

负固骄阳不忍回,执迷凉意误惊猜。

倾盆雨势疑飞瀑,揭地风声帮迅雷。

阶下决明添意气,庭前甘菊胜胚胎。

可怜岁事今如此,麦垄蔬畦尚可培。

《秋分日忆子用济》

[清]柴静仪

遇节思吾子,吟诗对夕曛。

燕将明日去,秋向此时分。

逆旅空弹铗,生涯只卖文。

归帆宜早挂,莫待雪纷纷。

节气 17 寒露

阳历 10月7日 — 10月9日 交节

寒露节气文化

中国南方十月的白天艳阳高照，正当秋高气爽好金秋，但早晚却已是露湿阶冷了，所谓"寒露十月已秋深，田里种麦要当心"。寒露节气始于阳历的十月七日至十月九日之间，此时太阳运行至黄经一百九十五度。寒露是天气现象，指的是因早晚气温下降，露气受寒而凝结。不像白露那样容易蒸发而白茫茫，寒露似霜冻，因散发着寒气，更要小心受寒。

《月令七十二候集解》记载着寒露三候"鸿雁来宾""雀入大水为蛤""菊有黄华",意即此时在天际可看到大雁排成人字形的阵式,为了避寒向南迁飞;古代的人看到雀鸟在寒露时飞入大海中消失,而海边却出现不少如雀鸟的颜色与条纹的蛤蜊,就以为蛤蜊是雀鸟变的,这其实是古人的误解;寒露之后,秋菊盛开。菊自古就被人们视为秋花之尊,农历九月有"荣鞠"之名,鞠是菊的古字,阴历九月、阳历十月的寒露亦是举行菊花花会的佳节。

寒露节气中,亦逢农历九月初九的重阳日。九是阳数中最大数,九九更大,重阳九九日有长长久久之意。关于这一天有个传说,话说在东汉时,有位懂仙术的费长房,对其徒桓景道:"九月初九有大难,要登高避邪,避难者臂上要插茱萸,到了山上要饮菊花酒。"桓景照办,待九日晚间回返,果然家中鸡犬牛羊俱死。

九是天数,九九是天数中的天数,九九登高,远离人间,即象征着人数不可违抗天数,登高而思危,则是人要学习谦虚,但现代人往往视登大山之高为征服高山,正是现代人的傲慢。

为何九九有灾?这就和中国古代的阴阳学有关,数分阴阳,偶数为阴,奇数为阳,九为最大阳数,九九阳最盛,万事万物盛极必有灾。亢阳有悔,九九过阳则有祸,若要消灾免祸,便需要化阳之道。茱萸是阴木,菊花是金水之精,插茱萸、饮菊花酒则有以阴调阳之效。

重阳亦有食花糕之食俗，糕同高音，吃的是菊花糕或桂花糕，吃糕亦有登高消灾之意，但后人逐渐忘了重阳登高吃糕的原意，反而认为吃糕寓步步高升，殊不知古人官做愈大愈危险，步步高升最后反而有身家之祸。重阳节后来也演变为敬老节，祝贺老人长寿都说活到九十九，但人光岁数活得久是不够的，活到天数之年要有德才能活得好啊！寒露的字形与意境皆美，自然入诗极多，随手拈来就有不少唐宋大诗人写的寒露节气诗，白居易在《池上》一诗中写：

袅袅凉风动，凄凄寒露零。
兰衰花始白，荷破叶犹青。
独立栖沙鹤，双飞照水萤。
若为寥落境，仍值酒初醒。

果然是诗人神来之笔，用"寒露零"三字点出"凉风动""花始白""叶犹青""寥落境""酒初醒"的天地人一心的境界，让人回味不已。

唐代诗人李贺写的寒露诗《花游曲》又是另一番心境：

春柳南陌态，冷花寒露姿。
今朝醉城外，拂镜浓扫眉。

烟湿愁车重，红油覆画衣。
舞裙香不暖，酒色上来迟。

李贺这个少年郎，写的都是寒露来青春迟晚的惆怅，但写得真美，有如情诗。宋人白玉蟾写的《江亭夜坐》：

月冷松寒露满襟，天容绀碧鹤声沉。
夜深独把栏干拍，只有长江识此心。

此诗写出了寒露江亭夜坐的苍凉心境。苏东坡写的《水龙吟》中的一段：

青鸾歌舞，铢衣摇曳，壶中天地。
飘堕人间，步虚声断，露寒风细。
抱素琴，独向银蟾影里，此怀难寄。

天地无言，只有向广寒月宫诉宇宙衷肠，东坡一向有"我欲乘风归去"的出世情怀。

寒露天气多变，正是古人所言多事之秋，要多食润肺祛燥与活络心脑血管的食物，最宜多食秋果，如大枣、银杏、山药、桂圆、核桃、栗子等。这些温平型的秋果，富含不饱和脂肪酸，对血液的净化与畅通颇有功效。秋日微寒，煮些核桃栗子粥、百合银杏粥、山药桂圆粥，当成朝粥[①]喝一碗，有益于精气神之滋养。

秋燥时节，不宜多食油腻、高盐分之食，要特别小心容易引起血压增高与血液黏稠的饮食。除了饮食保健外，寒露时早晚气温变化大，老人要特别注意肺部疾病，秋燥伤肺，对容易引起过敏的环境也要注意，不要到多烟尘、空气质量不佳的场所，同时也要多散心，不要积聚肺部郁积之气，所谓天凉好个秋，心境上也要保持开朗心宽。

寒露节气民俗 | 九九重阳节

农历九月初九重阳节，经常出现在寒露节气期间。

中华文化中，奇数一、三、五、七、九为阳数，偶数二、四、六、八为阴数，奇数中九最大，而九月初九是两个最大的奇数，又是双阳数，因此叫重阳。在阴阳学中，阳数虽是正面的力量，但物极必反，阳盛则阴生，九是阳数最盛，双阳更不得了，亢阳必有悔。

重阳是极大的天数，恐有灾祸，桓景的故事虽未说明动物

[①] 早粥。

是怎么死的，但看过海啸新闻的人难免会联想到，当铺天盖地的大海啸涌来时，只有预先往山上登高者才可以逃此大劫。桓景的故事，让人们对九九重阳的阳盛阴生之理有了深刻的理解，但在阴阳学不再受到重视，甚至被斥为迷信时，九九重阳也从避灾消祸的节日逐渐演变成敬老节。至于为什么是老人节，还是跟九数代表老阳①有关。

虽然重阳不再强调避灾防邪，但我对插茱萸饮菊花酒之事还是很有兴味，觉得既风雅又有节气之理，因为寒露时随着气温的下降，的确寒气（阴气）滋长，容易受风寒，茱萸是中药材，虽是阴木但性温热，有驱寒避风邪的作用，而开在寒露时节的菊花，是金水之精，酿制成了酒也有除风邪解虚热的效用。

观赏秋菊是重阳节、寒露节气期内重要的花事。我年轻时不太喜爱菊花，与菊花常用来布置灵堂有关，但三十多岁后就开始懂得欣赏菊花冷清孤绝之美。中国人会用花形容女人，像《秋菊打官司》，就可见到生于金水月、禀性刚烈的女人强出头的志气，若换成春樱、夏荷打官司，就没那种气势了。

重阳节有食重阳糕的习俗，台湾只有台南（受明代风俗影响）才会吃重阳糕。日本人也吃重阳糕，但在公历九月九日。日本近代最大的传统文化沦丧，就是被明治天皇改历，不仅把

---

① 《易》四象之一。

阴历改成阳历，还把阴历节日改成在阳历过，如端午节在公历五月五日过，根本和午月无关，中秋节在公历八月十五见不到月圆。日本只剩下原是过阳历的二十四节气仍依天地运行之理，但阳历节气和阴历节日的相互关联却完全乱了套。

我曾在南村落办过两回吃重阳糕的小节庆，重阳糕即花糕，台湾有些江浙点心店还会卖，花糕有三层，每一层包绿色、红色、黄色的蜜饯丝干果。吃重阳糕即取糕高同音之意，怕人不登高，但吃糕（高），既有避祸之意，又有做官步步高升之意，只是做官高升却可能是惹祸的开端啊！

寒露节气餐桌 ｜ 京都深秋食事

十月下旬，京都银杏树黄叶灿烂，趁着小休，到京都体验秋光一周。

京都，可说是我的旧爱新欢。前些年在伦敦过日子，每遇假，一定往巴黎跑，回到了台北，转换时空的地方换成了京都，几乎每两三个月就去一趟，只想多沉浸在京都的四季中。

我旅游过的国家已超过五十个，能让我时时想殷勤"探望"的城市，其实只有巴黎和京都两地。有一天突然悟出这两城，一是西方生活美学的代表，另一个是东方生活美学的象征，两城的衣食住行均美，京都更有顺应天地历法二十四节气的生活之美。

常去京都，对京都的旬味觉①自然熟悉，但不同日子前往，常有不同的惊喜。像这次正值深秋，新栗、新柿、新柚都是盛产，"鹤屋吉信②"用这三果做出了三色京果子，锦小路通的锦市场③里堆着新鲜的果子，黄、橘、褐，有如正在变色的秋季枫叶，赏枫食果，眼下缤纷绚丽。

在京渍物④老店"西利"，品尝菊叶渍、千枚渍、壬生菜渍，鲜黄色、鲜白色、鲜绿色，吃着心情都轻盈起来，光是一碗新米蒸出的白饭，配些渍物，再来一碗京都人喜爱的白味噌汤，就是十分"和、敬、清、寂"的禅意午膳了。

晚膳时，京都朋友带我去先斗町的一家"先多"吃京风创作料理。先斗町在三条街和四条街中间，与鸭川平行，建筑都是传统两层的和式木屋，每一间都小小的，有的面向鸭川，夏季可设纳凉床。我们去的这家先多，像先斗町上其他小店般，这些年流行起有料理达人印记的创作料理。我们光是排队就等了近一小时，进去才发现是只能容纳十几人的小店，而且为了保持出菜质量，客人以每回四至六人的方式轮番上桌，因为地

---

① 指到什么季节吃什么食物。

② 老牌和果子店。

③ 锦小路通中一条长约400米、极具代表性的商业街，街内有140余家店铺，销售各种生鲜食品、日常生活用品以及各式小吃。

④ 京都风味，延续古法腌渍而成的腌菜。种类丰富，甘香可口。

方甚小，还必须并桌共餐。

还好当天的创作料理十分有特色，弥补了等候及并桌的不适。料理的主题当然是深秋味觉，有芋棒、栗子饭、烤甘鲷、松茸土瓶蒸、豆花、柚饼，一席餐下来，竟然只要日币五千，想想附近不远的美浓幸、平野家动辄两三万以上的京料理，怪不得这家小店会大排长龙了。

这回下榻在东本愿寺附近的日式老旅馆，临走当天晨起，在旅馆附近发现一大弥食堂，可吃豆皮乌龙面当早餐，吃完早餐，从下京顺着东洞院通一路北行到锦市场，买了山椒、柿干、紫苏渍、糖柚条、香鱼煮、鲋寿司等当伴手礼[1]。买回去的这些食材，将在我的秋日餐桌上继续提醒我这段味觉丰盛的秋季旅程。

寒露节气旅行 | 三城味觉之秋

有一年寒露去杭州，发现此地和日本的京都、意大利的佛罗伦萨有不少契合之处。

杭州、京都、佛罗伦萨都是历史名城，都以纺织、金工著

---

[1] 出门到外地时，为亲友买的礼物，一般是当地的特产、纪念品等。

称，三城物产也很相像。这三个城市我都曾在秋日旅行过，都体验了心灵和胃口皆丰收的秋日游。

杭州一到秋日，各种秋果如银杏、核桃、百合、红枣、栗子、柿子都上市了。友人在家中特别做了几味小菜，像绍酒清炒银杏百合、红枣栗子烧鸡、秋蕈炒核桃、百合鹌鹑蛋，甜食上了杏仁奶，都是用时令秋果制成的秋日润肺补气的饭食。吃完晚饭后，在离友人家不远的西湖散步，吹着秋季晚风，看着秋夜高洁的明月，深切感受了"上有天堂，下有苏杭"的意境。

我几乎年年去京都，春夏秋冬四季轮着去。京都以秋日最受游人喜爱，因此旅馆最难订。早年我还会凑热闹看黄金之秋的红枫盛景，这些年都宁可选人较少的早秋，好好享受悠闲的秋味。

京都秋食中以秋茸最为著称，居酒屋中喝着清淡的吟酿，吃着简单的撒着海盐的盐烤秋茸，再配上一串三粒的盐烤银杏，就是清雅极了的秋之京味。

还有当令的土瓶蒸，小小的土瓶中，装了一小块粗放的走地鸡[①]肉、两粒银杏、一小块刚摘下的香柚、一小片秋茸、一小只虾、一小粒干贝，就是秋日丰富极了的山珍海味土瓶蒸，用小钵小口小口啜饮，品原汁精华，闻萦绕香气。

---

① 指自然放养的鸡，肉质较实，口感较好。

京都的四条通上也开始卖炒新栗，炒法据说是从中国传去的，也是用大铁锅爆炒。新栗极爽口，许多知名的京果子老铺也纷纷推出栗子大福[1]。

秋日新米上市，京都有一种炊饭，用百合、莲子、银杏、芋头、秋茸和新米蒸成什锦饭，在考究的料亭中卖价极高。其实这只是很简易的家庭料理，是只要食材新鲜，就可以完成的健康养生餐。

佛罗伦萨的秋日，附近山城中有白松露季。白松露是比秋茸贵上许多的昂贵食材，这和商人的炒作也不无关系。我认识的佛罗伦萨老人家就说，他们小时候（第二次世界大战前）白松露根本不值钱，可以随便吃，如今他们却吃不起了。

还好佛罗伦萨好吃的秋果很多，像栗子、山核桃、胡桃、榛果等等，都会做成各式各样的巧克力和糕点。

深秋也是葡萄和橄榄成熟的季节，有新酒和新油可试，各种评鉴比赛到处举行，要选出今年的好酒与好油。秋日森林中采摘的野生牛肚菌，也像京都的秋茸般，被佛罗伦萨人视为秋日的大地之味。

美味的佛罗伦萨大牛排，也是在秋日最可口。大市场旁几家老铺的炉火整日猛烈地烧着，客人的食欲在秋日大开，一人吃下半公斤都没问题，难怪有食欲之秋的说法。

---

[1] 当地著名甜品，外形精致，入口即化。

佛罗伦萨街上竟然也有卖烤新栗的小摊贩，旁边另一摊则是卖有名的牛肚内脏料理，入秋后的生意也比夏日好多了。

深秋后野味料理开始上市，别说吃野味太残忍——猎人必须有执照才可猎捕一定的量，由此你应当想到还有山林可供野兽活动。把偶尔吃野味当成自然的祭祀，也许反而提醒人类应当好好守护山林。

杭州、京都、佛罗伦萨都是兼顾自然之美与人文之美的古城，有秋日赏枫、赏菊的美境，更是品尝味觉之秋的佳处。

寒露节气诗词

《晚次宿预馆》

［唐］钱起

乡心不可问，秋气又相逢。

飘泊方千里，离悲复几重。

回云随去雁，寒露滴鸣蛩。

延颈遥天末，如闻故国钟。

《授衣还田里》
[唐] 韦应物

公门悬甲令,浣濯遂其私。
晨起怀怆恨,野田寒露时。
气收天地广,风凄草木衰。
山明始重叠,川浅更逶迤。
烟火生闾里,禾黍积东菑。
终然可乐业,时节一来斯。

《晨坐斋中偶而成咏》
[唐] 张九龄

寒露洁秋空,遥山纷在瞩。
孤顶乍修耸,微云复相续。
人兹赏地偏,鸟亦爱林旭。
结念凭幽远,抚躬喝羁束。
仰霄谢逸翰,临路嗟疲足。
徂岁方晼晼,归心亟踯躅。
休闲倘有素,岂负南山曲。

《八月十五日夜桃源玩月》

[唐] 刘禹锡

尘中见月心亦闲,况是清秋仙府间。

凝光悠悠寒露坠,此时立在最高山。

碧虚无云风不起,山上长松山下水。

群动翛然一顾中,天高地平千万里。

少君引我升玉坛,礼空遥请真仙官。

云軿欲下星斗动,天乐一声肌骨寒。

金霞昕昕渐东上,轮欹影促犹频望。

绝景良时难再并,他年此日应惆怅。

《古意》

[宋] 王安石

采芝天门山,寒露净毛骨。

帝青九万里,空洞无一物。

倾河略西南,晶射河鼓没。

蓬莱眼中见,人世叹超忽。

当时弃桃核,闻已撑月窟。

且当呼阿环,乘兴弄溟渤。

《夜坐偶成》

［宋］文天祥

萧萧秋夜凉，明月入我户。

揽衣起中庭，仰见牛与女。

坐久寒露下，悲风动纨素。

不遇王子乔，此意谁与语。

《寒露日阻风雨左里诗》

［宋］曹彦约

久谓热当雨，兹来归近家。

露寒迟应节，天变勇飞沙。

瓮白应浮酒，篱黄可著花。

一江三十里，直欲问仙槎。

节气 18 霜降

阳历 10月23日 — 10月24日 交节

霜降节气文化

霜降，本是个极幽美的名词，可惜自从牛肉有了霜降之名后，提起霜降，总有遗珠之憾。

霜降非霜降牛肉也，霜降是天气渐冷，露凝为霜而下降。霜降是秋天最后一个节气，始于阳历的十月二十三日至十月二十四日之间，此时太阳运行至黄经二百一十度。霜降是晚秋，中国北方的气温在夜间可达零摄氏度左右，怕寒植物要小心霜冻霜害，不怕寒的植物却喜霜降，像大白菜只有打过霜的才更清甜。

霜指的是水汽凝结在植物或地面上，结成水晶状的细冰。大部分植物遇上霜降都无法存活，因此霜亦含丧意，古人称死了丈夫的妇女即霜（同孀），有孤独清冷之意。

《月令七十二候集解》中的霜降有三候"豺祭兽""草木黄落""蛰虫咸俯"，指的是豺狼将捕获的猎物先陈祭后食用，颇有秋决天祭之意，隐意为万物生死皆有天地秩序；大地除了常春树外的植物的绿叶都遇霜而丧，其中尤以银杏树的黄叶纷纷落下最美；虫在霜降后进入冬蛰，躲在洞中不动不食。

气肃而霜降，阴始凝也，秋季降下的第一次霜是初霜或早霜。霜降指的是初霜、早霜，但降霜现象会一直持续到来年春季降落的终霜、晚霜，从终霜到初霜之间为无霜期。

霜是白色的冰晶，遇水则消，只能在晴朗的日子出现，古人有"浓霜猛太阳"之说，在阳光或月光下闪烁的清霜最美。古人有许多咏霜降之诗词，如白居易在《谪居》中写霜降为天意一时荣悴：

> 面瘦头斑四十四，远谪江州为郡吏。
> 逢时弃置从不才，未老衰羸为何事。
> 火烧寒涧松为烬，霜降春林花委地。
> 遭时荣悴一时间，岂是昭昭上天意。

诗人用霜降自比人生谪降，谪居是一时的，且待春回大地。但天意荣悴无常，白居易南迁一迁五年，写下了另一首与霜降节气有关的《岁晚》：

霜降水返壑，风落木归山。
冉冉岁将宴，物皆复本源。
何此南迁客，五年独未还。
命屯分已定，日久心弥安。
亦尝心与口，静念私自言。
去国固非乐，归乡未必欢。
何须自生苦，舍易求其难。

白居易终于懂得心安居易了，懂得了"命屯分已定"，与其自生苦还不如随遇而安，何况"归乡未必欢"。此霜降诗比起五年前的霜降诗，一样的霜降，不一样的天命领悟，"舍易求其难"一句话暗暗点出白居易的领悟。

陆游也曾留下一首关于霜降节气的诗作《季秋已寒节令颇正喜而有赋》：

霜降今年已薄霜，菊花开亦及重阳。
四时气正无愆伏，比屋年丰有盖藏。
风色萧萧生麦陇，车声碌碌满鱼塘。

老夫亦与人同乐，醉倒何妨卧道傍。

"老夫亦与人同乐"，自然派诗人的老年诗看了最令人开心，霜降又何妨？还是可以醉倒卧道傍，一享田园乐。老年人应多看陆游诗，可达观同乐。

霜降时阴气重，古代霜降也是扫墓时节，因天气趋寒，霜降节气中定农历十月初一为寒衣节。这天也是鬼节，当天晚上人们会在大门外焚烧装有棉花的五色纸，意为送祖先鬼魂寒衣，以免他们在阴间受冻。活人真是体贴，只是不知鬼魂是否有体消受。

霜降起阴湿霜重，民间视之为重要的秋补时候，民谚有"补冬不如补霜降"之说，即秋补是早做预防，不补好秋身，到了冬季再补就成临时抱佛脚了。

秋补时调养阴阳，温热的羊肉最好，还不到用热性的鸡补身的时候。民间有霜降后北方吃涮羊肉，广东吃羊肉煲，福建、台湾吃羊肉炉的食俗。除了羊肉外，秋补亦主张多吃迎霜兔肉，民间自古有兔肉治气喘肺疾之说（因兔为卯，秋酉金太旺，用卯木生克平衡）。因秋金伤肺，秋补以补肺为主，像红柿子上结的一层白霜（亦称为柿霜），就有润肺、镇咳、清热、祛痰的食疗之效。

打过霜的大白菜特别鲜美，原因是寒冷会使白菜内的淀粉转化为糖分。这时各种鲜菜都特别好吃，但因为霜降后许多冬日植物无法生长，把各种正好吃的鲜菜腌起来也成为霜降的重要农活，像中国长江以北、韩国、日本一带，都有腌冬菜（冬日吃的菜）的习俗。

霜降处于季秋（晚秋），在五时（春、夏、长夏、秋、冬）中为秋。中医有春升补，夏清补，长夏淡补，秋平补，冬温补之说。霜降秋补要平，平什么呢？其实就是平秋燥之气，因此像可以消气的白果、萝卜、山药、党参、大枣都是好食物。

霜降后人体也容易犯关节疼痛和慢性胃炎、十二指肠溃疡等病症，原因是霜降是秋季最后一个节气，属土，此时脾脏功能过于旺盛，绝不可温补，如大吃火锅、烧酒等，容易使病加重。平补即平和地进补，用当归、党参炖山药、猪腰，可补血益气、滋补脾气，用花生大枣烧猪蹄也可增进关节的血脉活络。

霜降时节特别要忌口的食物是酒类，不可过度饮酒刺激胃肠，也不可多食过冷过热的食物，这时不仅不可再吃冰，也还不到时候吃火锅，要吃霜降牛肉锅请等立冬后再吃吧！

霜降节气民俗　|　霜降鬼节扫墓

　　华人现在习惯清明扫墓祭祖，其实清明本为节气，古代宫中有传新火的习俗（传新火可能是石器时代从钻木取火到部落集体保存火种的风俗的演变，因此子孙的延续才会有留火种传香火之说），古代扫墓的大日子本来一年有两次，一次是在寒食节，另一次在阴历十月初一的鬼节。

　　十月初一的鬼节多在霜降期间，霜降是秋季最后一个节气，在温带气候区是天气开始微寒之际。古代把十月初一作为寒衣节，除了纪念孟姜女千里寻夫送寒衣，也因为要送鬼（祖先）寒衣。十月初一鬼节的晚上，人们在自家门外燃烧包有棉絮的五彩纸，给鬼做寒衣。以前年轻时会觉得这样的习俗很傻，但如今父母已逝，却不免也想试试为父母送寒衣。

　　霜降，是秋冬节气交换之时，"补冬不如补霜降"，与其到了下个节气立冬才开始补身体的阳气，还不如早一点儿在霜降就先调理身体。

　　霜降补身，以阳气不那么强的羊肉为主，北方吃涮羊肉也始于霜降，但阳气更强的麻油鸡要等冬至后再补。

　　霜降也有秋补兔肉的习俗，尤其在自古以来就风沙强的北方，人们容易有支气管和气喘的毛病，据说吃迎霜（降）兔肉有滋润肺气的功效（依五行之理，是用卯去平衡过强的金气）。

秋季多发呼吸道的疾病，南方人以秋季盛产的水梨、红柿润肺，尤其是霜降后制成的柿饼，表面会渗出白粉状的柿霜，对镇咳、止痰、润肺、清喉很有效。

霜降是民间普遍开始腌菜的时节，尤其北方人会腌打过霜的大白菜，等到立冬后就可以整个冬季大吃酸白菜白肉锅了。爸爸活着时很爱吃酸白菜白肉锅，十月初一的晚上，我会记得多为爸爸、妈妈留两双筷子，让他们和我有味同在。

霜降节气餐桌 | **大闸蟹的香味不再**

十月下旬去上海，虽然过去几年常常有遇不上好大闸蟹的遗憾，但依然免不了俗和上海老友约了一起去吃蟹。但跟过去十几年来选吃蟹餐馆的作风不同，不再敢选一些特色小店，因为冒牌的阳澄湖大闸蟹四处泛滥，只好选了一家价格高昂，但号称是几百年老字号，又在阳澄湖有自己的大闸蟹养殖场的老店。

六两大的雌蟹蒸好上桌后，朋友才拆开蟹盖，就叹了一口气说："这大闸蟹香味不够啊！"真的，吃大闸蟹最微妙之处，根本不在吃肉、吃黄、吃膏，而是吃香，大闸蟹的特色就在有迷人的野香。在咸水中出生的大闸蟹长大一些后进入阳澄湖独特的淡水微生物生态环境，这里光照充分、淤泥少、水草丰茂，所谓一方水土养一方蟹，就像野生的树林间会长出白松露和黑松露一样，特殊的水土条件造就了有特殊香味的阳澄湖大闸蟹。

我记得最早吃大闸蟹，是在父亲的朋友于台北家中办的蟹宴上。当年的大闸蟹是从香港托友人带到台湾的。还是孩子的我并不太懂如何用拆蟹工具吃蟹，但清清楚楚记得那一晚父亲用小匙喂我的浓香蟹黄，那滋味停留在嘴中整个晚上，连晚上刷过牙后睡觉时都还觉得鼻心有幽微的奇香。

后来吃大闸蟹，都是在秋天去香港探亲访友时，尤其是在上海人聚居的北角一带。农历九月、十月，街角的商肆小馆就会摆出一笼一笼从阳澄湖运来的大闸蟹，因为去香港时不见得是秋天，所以总是两三年才吃上一回，却也慢慢察觉到入口的蟹味似乎愈来愈淡了，但价格却愈来愈高。

之后开始去上海旅行，逢到秋季，也一定吃蟹，这二十年来也吃过不少这个酒家那个饭馆的蟹，却忍不住觉得吃到嘴中的大闸蟹滋味，仿佛我的青春一样年年褪色，总有青春不再的惆怅。

上海老友吃着一只高达一百多人民币的名店大闸蟹，说起三十多年前"四人帮"刚下台，上海小市场叫卖大闸蟹的情景。他说那年头只要肯花点儿小钱，秋天时随便去小市场，都能买得到阳澄湖上好的野生大闸蟹，用紫苏叶蒸好时，整个屋子都是异香。

我说只要想想当年吃大闸蟹的人有多少，再想想现在全中国想吃大闸蟹的人有多少，就自然明白为什么大闸蟹的香味会消失了。阳澄湖有多大的水土，能出多少蟹？不要说野生的不见了，连人工养殖的都供不应求。

大闸蟹正是人类近三十年来饮食生态浩劫的例子，世界上有许多美味都在消失中，代表的正是许多自然水土的破坏。我的青春即使不再了，但一代一代的人都还有他们的青春，然而大闸蟹的滋味消失了，却意味着比我年轻的世代再也没机会懂得明清以降许多文人歌颂的蟹趣。我们损失的不只是一种食物的美味，也是饮食文化的底蕴。

饮食文化，绝不只是口腹之欲，也不只是商业。一个民族不能延续传统的美味，也是文化资产的损失。大闸蟹的滋味，是餐桌之味，也是文化殿堂之味。

霜降节气旅行 ｜ 京都霜降秋意

人在京都，才会突然领悟，为什么秋这个汉字中有个火。京都的秋天是一把无声无息、无烟无味的火，静静地在大街、山野中燃烧。这场季节的火有许多的颜色，东本愿寺前的银杏树上跳着金色的火，东福寺的通天桥上一眼望去是满山遍野燃烧的艳红的火，嵯峨野古道上睡去的是快要熄灭的暗红的火，青莲院门迹前有深红的夜之火在迷离的光影下舞动。

京都的秋天，如此灿烂、辉煌，人们都醉红了眼，许多人怜惜春樱匆匆，一片粉红樱云刹那化成花雨纷飞，但春樱虽短，日后仍有绿叶茁壮，秋枫却是一片金黄火红开过，良辰美景不再。用尽全身力气"燃烧"的秋枫懂得年华易逝的中老年人的爱情，最红烈的情事是生命最后的奔放，过去后只剩满山枯枝白雪茫茫。春樱妖娆，仍是青春迷幻的爱，早逝的恋情虽令人惆怅，仍有饱满成熟的夏日激情可期待。

年轻的我，常感叹春樱无常，经常远赴京都，在盛开的吉野樱下铺一素布，喝樱酒、接落樱，愁些少年不识愁滋味的变幻情事，但中年后却不再无端为落樱伤悲，反而轻易为红叶生情绪。

某年秋深，我在洛北大原三千院散步，上午还晴空万里、枫火艳丽，看得人如拙火上身般炽热起来，但午后突然一阵秋风秋雨，满山红叶纷纷在大雨中飘落。看得我惊心动魄，身旁的日本友人叹惋，这场雨一来，红叶季恐怕就要结束了。

还好当天晚上，友人说我们去吃"红叶狩"季节料理来弥补吧！京都的四季时令风味，都有主题色彩，秋季当然是各种红色。朋友带我去的料亭，推出了创作的红叶便当，有各色缤纷的红：鲑鱼子的亮红、伊势虾的红白相间、烤甘鲷的赤红、醋渍章鱼的暗红，再配上胡萝卜雕成的红叶，真是一片热闹的红意。讲究食物美学的京都人，懂得用美味来填补人生之秋的悲凉，我环顾料亭中的客人，果然正在吃红叶料理的多是中年人。

餐后和朋友闲聊，忽然想到许多秋季的滋味，不仅都有着成熟绚烂的颜色，也有微涩的滋味，像秋季的红柿，秋风一起，京都洛北原野上的柿树都结着斑红的柿果，祇园的商家推出应景的柿饼京果子。朋友说小时候不爱吃柿，怕吃时口中的涩感，但人入中年后，却特别爱吃柿，尤其爱那股缠绵舌口的涩意。我想到了秋天成熟的葡萄，紫红的果实甜中带涩，酿成的新酒喝着也是饱满涩口。这些滋味心得，原来都是季节之秋对人生的提醒，虽然苦涩，却是自然真味，而涩中带甜，有如中年苦乐参半。

京都是四季城市，春夏秋冬皆有可观之处，但我特别迷恋京都之秋，因为京都人有着纤细的心思，特别懂得欣赏秋季的况味。有一回闲逛曼殊院，看到庭中一株红枫与一棵青松并列一巨石旁，忽然领略了这等布置乃画中有话。枫红是四季之变，青松乃四季之常，但巨石才是定，如此风景，立即显现了京都人的禅心。

秋天的京都有特殊的香气，清晨沁凉的空气中飘散着干爽银杏树的味道。沿着旅馆旁的鸭川堤道，步行至锦市场的早市。对季节敏感的商家在小风炉上架着铁网烤新鲜的银杏果，剥开温热的银杏，露出青白的果心，在口中细嚼，清香微苦；另一摊上烤着秋茸，散发着芬芳的气味，像是大地之母乳房的滋味；再走几步路，卖蔬菜的摊上堆起金黄色的秋柚，柚香闻得人神清气爽。

当天傍晚，在木屋町通①的居酒屋中，我叫了一份香味扑鼻的土瓶蒸，其中既有银杏，也有秋茸与柚皮，三者浮沉在土鸡块与鲜虾熬成的高汤内。这道三味秋香，是味觉敏感的京都人的秋之时令风味，不喝就枉过了秋天。

银杏、秋茸、柚皮，既香甜又苦涩，是复杂的滋味，也是我对生命之秋的领会。喝了土瓶蒸后，再暖上一盅京都南边酒乡伏见区的新酒，喝得小醺后，闲逛至寺町通②的古书街，随手翻着日本平安时代出版的《茶经》，微苦的旧书墨香迎面袭来。一晚上，不管是季节还是岁月，竟似乎都散发着相似的气味。

深夜，高濑川运河上亮起红灯笼，灯火摇曳在河岸的杨柳树梢，抬头一望，半轮下弦月高挂。异国酒徒或许不知晓风残月杨柳岸之词，游子顿生离情。薄凉的秋风一阵阵吹来，路旁木屋中传来三弦琴的乐声，京都秋意，如人生之秋，萧瑟又令人依依不舍。

---

① 京都的一条街道，因从前在这条街上卖木材的店家很多而得名。
② 京都的一条街道，因丰臣秀吉时期大量寺院集中于此而得名。

霜降节气诗词

《大水》
[唐]白居易

浔阳郊郭间，大水岁一至。
间阎半飘荡，城堞多倾坠。
苍茫生海色，渺漫连空翠。
风卷白波翻，日煎红浪沸。
工商彻屋去，牛马登山避。
况当率税时，颇害农桑事。
独有佣舟子，鼓枻生意气。
不知万人灾，自觅锥刀利。
吾无奈尔何，尔非久得志。
九月霜降后，水涸为平地。

《观村人牧山田》
[唐]钱起

六府且未盈，三农争务作。
贫民乏井税，塉土皆垦凿。
禾黍入寒云，茫茫半山郭。
秋来积霖雨，霜降方铚获。

中田聚黎氓,反景空村落。

顾惭不耕者,微禄同卫鹤。

庶追周任言,敢负谢生诺。

《南乡子·重九涵辉楼呈徐君猷》
　　[宋] 苏轼

霜降水痕收。浅碧鳞鳞露远洲。

酒力渐消风力软,飕飕。破帽多情却恋头。

佳节若为酬。但把清尊断送秋。

万事到头都是梦,休休。明日黄花蝶也愁。

《梨》
　　[宋] 苏轼

霜降红梨熟,柔柯已不胜。

未尝蠲夏渴,长见助春冰。

《和子瞻记梦二首(其二)》
　　[宋] 苏辙

蟋蟀感秋气,夜吟抱菊根。

霜降菊丛折,寸根安可存。

耿耿荒苗下,唧唧空自论。

不敢学蝴蝶,菊尽两翅翻。

虫冻不绝口,菊死不绝芬。
志士岂弃友,列女无两婚。

《谪居黔南十首(其二)》
　　[宋]黄庭坚
霜降水反壑,风落木归山。
冉冉岁华晚,昆虫皆闭关。

19 立冬

阳历 11月7日 — 11月8日 交节

立冬节气文化

当太阳运行至黄经二百二十五度时,为阳历的十一月七日或十一月八日,古人称此日为立冬。"立,建始也;冬,终也,万物收藏也。"立冬被认为是冬季的开始。

同立春、立夏、立秋一样,立冬这一天,也要举办迎冬神之礼。在立冬前三日,太史公会告知天子立冬的日期,天子便须行沐浴斋戒的仪式三日。立冬当日,天子亲率三公九卿到北郊六里处迎冬。

《月令七十二候集解》中记载，立冬三候现象为"水始冰""地始冻""雉入大水为蜃"。在这一节气中，水域开始结冰，土地也开始霜冻，而像野鸡一类的大鸟在立冬后都不见踪影了，但海边却可看到外壳似野鸡的斑纹与色泽的蛤蜊，古人便误以为雉（野鸡）幻化为蜃（蛤蜊）了。

立冬是重要的农事节气，农谚云"立冬过，稻仔一日黄三分，有青粟无青菜"，指的是立冬后只能收成杂粮，需要阳光的青菜绝迹了，当然这里指的是稍高纬度的气候区。

立冬是古代的八大节气之一，自然有不少诗人会以此节气入诗，李白写了一首很有意境的《立冬》诗：

冻笔新诗懒写，寒炉美酒时温。
醉看墨花月白，恍疑雪满前村。

诗人两手冻僵，醉态可掬的模样跃然纸上，令人真想与之千古相会共喝一壶寒炉温酒。

擅长写农家景物生活的陆游写过一首《今年立冬后菊方盛开小饮》：

胡床移就菊花畦，饮具酸寒手自携。

野实似丹仍似漆，村醪如蜜复如斋。
传芳那解烹羊脚，破戒犹惭擘蟹脐。
一醉又驱黄犊出，冬晴正要饱耕犁。

这首诗中的田园生活，显示了陆游的达观，虽然天寒地冻了，趁着冬日难得的晴日，仍要努力做农活，否则哪有盛开的菊花畦好观赏。

陆游的诗中也显现了立冬节气中可爱的小阳春，因为虽然立冬了，北半球的太阳辐射能逐日减少，但地球上从当年夏季所储存的热能并不会一下子就用完，仿佛地球这个大烤箱中的余温犹在。在立冬时常有小阳春的天气，天晴无寒风之日，天气还不会太冷，仍适合某些冬作物的耕种，真正的寒冷，要到冬至才明显。

菊花是立冬时的重要节气花，宋人沈说写过一首立冬日观菊的诗《次韵古愚立冬日观菊》：

闲绕篱头看菊花，深黄浅紫自窠窠。
清於檐卜香尤耐，韵比猗兰色更多。
九节番疑今日是，一樽未觉晚秋过。
从教白发须簪遍，且任当筵作笑歌。

菊花不仅可观赏怡情，还可入膳。古人从立冬起便可吃菊花火锅,吃着涮羊肉,黄铜锅中漂浮着美美的黄菊花瓣。此时也是吃蟹饮酒赏菊的好日,菊与蟹年年相会,正是人生好时节(以前的菊花都是自然农法种植的,当然可以食用,但现在的菊花如果不是有机栽培,根本不能食用)。

立冬补冬不同于冬至补冬,此时阳气潜藏,阴气增强,但天气尚未大寒,不宜大补,只宜轻补。涮羊肉、老鸭煲、芡实胡桃粥、芝麻糊等,都宜此时食用,至于麻油鸡、姜母鸭、十全大补汤等还得晚些时候。

从立冬起,就要增添衣裳,不可赤膊露体,也许一时不觉冷,但寒气侵身,日久容易感染风湿风邪之病症。冬日天寒,在室内使用火炉式电暖器,要特别小心过分干燥引起的呼吸系统问题。在室内放置水盆可调节湿度,更风雅的方式是养水仙,慢慢从球根养起,从立冬到立春,刚好遇上水仙金黄灿放。

立冬起,平日也要开始略行日光浴,因为人体若缺乏足够的阳光动能的滋养,新陈代谢能力就会降低。古人有"负日之暄"的说法,指的就是在冬晴时晒太阳。

白居易写过一首关于晒背的诗《负冬日》,写得十分生动:

杲杲冬日出,照我屋南隅。
负暄闭目坐,和气生肌肤。
初似饮醇醪,又如蛰者苏。

外融百骸畅，中适一念无。

旷然忘所在，心与虚空俱。

这种悠然和畅的境界，真不是西方人夏天晒出黄铜色肌肤堪比的。冬日晒太阳也可减轻冬日的忧郁症，因为阳光中的紫外线、红外线和可见光，可提高人体的免疫能力，刺激造血机能，改善糖类代谢，预防软骨症，增进钙、磷代谢与维生素D的合成，还可加快血液流通，促进血管扩张，帮助消炎镇痛。老年人尤其需要晒冬阳以增强身体机能。

所谓药补不如食补，冬日食补还不如日光补，但日光浴不可晒太久，也不宜在空腹及过饱时进行，有严重心脏病、高血压、自律神经失调的人与生理期的妇女，都要小心不可日晒过度。

立冬后天气趋寒，排尿增加，随尿排出的钾、钠、钙也会增加，要多吃羊肉、甲鱼、桂圆、胡桃仁等食品。在饮食的禁忌方面，不可吃过寒过冷之食，立冬后不吃冰是老一辈人会吩咐之事，也要少吃冷饭、冷粥、冷菜，以免伤胃伤身。

立冬节气民俗 ｜ 青山王绕境

　　立冬又称交冬，是一年当中非常适合食补的日子，入冬补冬，台湾常见的药炖补汤都在交冬后吃为宜。由于家中人口简单，补汤准备药材食材挺麻烦，我习惯在入冬后去老街区吃补，除了可以吃到各种羊肉炉、当归鸭、十全排骨汤等，也可以在老街漫步，顺便拜拜当地的神明。

　　我最常去的老城区在艋舺，我一向不喜欢叫此地万华（日本人取的名字），觉得听起来就不够古意。的确，万华区涵括的地区很广，包含南机场和西门町一带，但小时候外婆口中的艋舺只在清代的老街一带。

　　我会在艋舺的华西街、广州街、贵阳街一带吃我的立冬补食。有一家专卖当归鸭的老店，我都吃了快三十年了，贵阳街祖师庙的排骨汤更是吃了快四十年。因为常去那一带，对在艋舺三方鼎立的龙山寺、祖师庙、青山宫，我很有感情。

　　青山宫是这三座庙宇中不太知名的一座，却是我最喜爱的。此庙人气指数不高，几乎没有观光客，信徒平日也寥寥无几。此庙在贵阳老街上（即古老的汉族同胞与平埔人交易番薯的番薯市街上），离华西街不太热闹的后段不远。每当我用小吃祭完自己的五脏庙后，就会去青山宫看看。有时看到提着公文包的上班族，站在庙口也不进庙，就双手合十口中念念有词拜了起来；也看过提着菜篮的妇女进得庙门，在里殿放下菜篮拜拜；还有一回看某老人脚踩自行车也没下车，在庙外随意拜两三秒就翩然走人。我看着这些普通老百姓和青山宫的关系，心想他们一定是住在附近的人，青山宫就是这个小区的社庙，即使里面供奉的不是多么有名的神佛，却是照顾地方乡里的自己神。青山宫是道教庙，有一回黄昏，我看到道士在几乎无人的前殿大做法事，其衣着之华丽、仪式之繁复，让落单观礼的我看得心驰神往十分感动。

青山宫信奉的是灵安尊王（看吧！很多人没听过的）。全台湾只有五座庙宇拜俗称青山王的灵安尊王，其中最有名的就是艋舺的青山宫。灵安尊王的本尊在福建的惠安，青山宫的这尊是分灵。据说此神在清咸丰四年（公元一八五四年）从唐山过黑海沟（台湾海峡）来到清代的艋舺，从此成为艋舺泉州府三邑人[①]重要的庙宇。

灵安尊王的神格并不高，本来只是泉州一带的地方神，信奉的人也不如观音或妈祖那么多，但青山宫却有台北最热闹的两大民俗祭典之一（另一祭典在大稻埕[②]的霞海城隍庙），为什么？据说有一年古艋舺大闹瘟疫，当地人为此求青山王，结果瘟疫立即被驱除。地方人士为了感恩青山王，就定在其生日

---

① 清朝时有大量从福建泉州府的晋江、南安、惠安三县迁移至台湾的居民。一般台湾所称之三邑，即泉州三邑。

② 为台湾地区台北市地名，今属大同区。

的阴历十月二十二日之前两天与诞辰当天，举行三日的青山王暗访与绕境祭典。

我参加过几回青山王绕境（还会绕到西门町）。绕境在阴历十月二十二日当天上午，青山王出巡有许多部属跟着，如七爷、八爷、阴阳司，带头的是八家将，后面跟着阵头、花车、艺阁[①]等。最特别的是，这些神将胸前会围着一圈继光饼（直到今天艋舺仍有几家老饼店平日也会卖继光饼），据说吃了神将出巡的继光饼，可以除疫消灾。

青山王绕境多在立冬节气之中，由于古代中国人相信冬季阴气滋生，所以青山王在立冬后出来，满街放鞭炮，有驱阴鬼之意。立冬在中华传统中，原本是由天子率领三公九卿去北郊祭天迎冬神，但到了清代台湾，民间有自己保护地方的需要，于是艋舺立冬节气间有了青山王绕境。天子的仪式变成平民的民俗祭典，反而更亲近百姓人家。

---

① 一种中国传统民俗技艺表演，一般令小孩子装扮成各种历史人物，坐在制作精美的阁子里，由人抬着或搭载在车子上游行街头。

立冬节气餐桌 ｜ 孔子爱吃姜

  立冬是冬季的开始，虽然俗话说"冬至不过不冷"。中国人节气学问的奥秘就在此，立冬是冬之气的肇端，就好像冬天受精卵已经在地球母亲的子宫里孕育了，还要等到四十五天后的冬至节气，冬天婴儿才真正呱呱坠地现身于世。

  立冬又称交冬，民间有"入冬日补冬"之食俗，像姜母鸭、当归鸭、羊肉炉等具疗效之食物，看重节令时序的人是不会在交冬前食用的，不像现在的人竟会大热天在冷气房中大啖。

  在补冬的食材中，姜是常见之物。姜在中国食用的历史甚久，在周代姜已被人工栽培，《论语》中就有孔子所云"不撤姜食，不多食"的记载。民间有不少称赞姜的说法，如"十月生姜小人参""姜辛而不荤，去邪避恶""夏天一日三片姜，不劳医生开药方""早吃三片姜，赛过喝参汤"。

  在中国"医食同源"的智慧中，姜是常用药材。现代人常常把葱姜蒜混为一谈，但葱蒜少见于食补中，想想看麻油鸡、羊肉炉、姜母鸭放了葱蒜会是什么滋味？另外，佛门、修道之人多避葱蒜，却可食姜，可见姜之性平（葱蒜是起阳物，姜不是）。

  早期姜是南方产物，四川、浙江、台湾都是重要产区。台湾菜食谱中运用到姜的甚多，君不见红烧卤肉上有姜丝，干姜片可煎鱼，煮麻油鸡要先用姜爆香麻油，鹅肉下铺的是姜丝，蚵仔汤、蛤仔汤、鲜鱼汤都用姜丝清煮，姜母鸭更是以姜母为题。除了烹调用，台湾人还爱吃腌姜、五味姜、甜酱姜、蜜饯姜、糖姜、姜茶，虽然不到"不撤姜食"，也算常常与姜同在。

立冬之后，带外国朋友去台北孔庙参观，之后到酒泉街上吃小食，选了一间卖鹅肉的老店，切了一盘鹅肉、鹅肠、米血粿等。正当我夹起姜丝混合鹅肉蘸酱时，来自法国对饮食文化深感兴趣的皮耶突然问我是不是很喜欢吃姜，他说这几天跟着我东吃西吃，看我不管叫什么菜，似乎都有姜。

我这才回想起来，这几天带皮耶去吃咸粥早餐，叫的红烧肉中有姜丝；中午去吃卤肉饭，切的黑白切[①]，不管是猪心、猪肝等等，都撒上大量的姜丝；晚上去吃客家菜，叫的姜丝大肠、酸菜肚片汤也都有姜丝；第二天早上去吃米粉汤，油豆腐旁有姜丝；中午吃的切仔面[②]，叫的花枝[③]、鲨鱼烟[④]又有姜丝。如今坐在这儿吃鹅肉，吃来吃去，一直重复的食材就是姜丝，难怪皮耶会这么问了。

[①] 一种台湾小吃。"黑白切"取自闽南语读音，意为随意地切菜。这是不讲究刀工与食材、可以快速端上桌的一种小菜，很受消费者青睐，在台湾各地摊贩可见。

[②] 一种台湾特色面。

[③] 墨鱼。

[④] 烟熏的鲨鱼肉。

平常不怎么想姜的重要性的我，因为刚好坐在孔老夫子的庙前，忽然想到了他老人家在《论语》中提到的"不撤姜食"。哎呀！原来这几日我餐餐都有姜，正是延续着春秋以来的食典。

我想着如果孔仲尼跨越时光隧道来到如今，他恐怕来台湾吃夜市，比回山东老家还对味吧！如今的鲁菜较少用姜，当然更不会盘盘菜上都摆姜，台湾料理因沿袭闽菜文化（奇怪的是，我去福建时反而不见当地人这么大量使用姜），许多菜中都会放姜，连炒青菜都用姜丝炒，煮汤也都要撒姜丝，黑白切当然盘盘中垫姜丝，姜几乎无所不在，还有客家料理也很爱用姜。另外执行"不撤姜食"最彻底之处恐怕就是日本了。想想他们餐桌上永远放着的那一罐腌姜，吃寿司时配姜片、吃鳗鱼饭有姜、吃拉面也放姜，每一份日式定食①中一定都有姜。

姜葱蒜是东方料理中的三大香辛料，都有去腥除菌的功能，但其中只有姜非五荤，是出家人不必忌口的，也只有姜吃了后口不臭（台湾民间的传说中就有孙悟空吃姜后口是香的的故事），这点和吃完葱蒜后的感受大大不同。姜的运用又比葱蒜广，姜丝可以炒肉片，可以煎鱼，也可以煮蛤蜊汤，炖麻油鸡。换成是葱蒜，用来炒肉片可，但用来煮清汤则不如姜。在厨房中如果姜葱蒜只能选一样作为去腥的配料，我一定是挑

---

① 即日式套餐，一般以某一个菜为主，配以小菜、米饭、酱汤、咸菜等。

姜，这个道理孔老夫子恐怕也同意吧！

一般人可能不太注意，姜其实是秋季作物，中秋后嫩姜上市，深秋后老姜出场。姜有补肺气的功能，做成姜糖可以治咳，熬成姜茶可以预防感冒，入冬后进补御寒，姜更是主角，从简单的地瓜煮老姜汤到丰盛的姜母鸭、羊肉炉，都需要老姜来去风邪治寒热。

中国最古老的中药典籍《神农本草经》记载，生姜久服可去臭气，通神明。而今天西方科学家研究，发现姜可以防止血栓，还可以降低胆固醇，所谓"通神明"恐怕是古代防中风之说吧！唐代药王孙思邈的《千金方》也记载，姜可以止呕，怪不得中国的渔人会嚼生姜来防止晕船，英国有名的渔夫晕船糖吃来也有姜味。明代李时珍更建议登山的人要随身带生姜，以不犯雾露清湿之气及山岚不正之邪。

姜是中华文明的宝物，在传说中是神农大帝发现了姜的妙处。我在孔庙前小吃，想着孔子"不撤姜食"的说法，如今还在台湾的饮食中牢牢实践着，立即有一份历史的贴心。"姜"心比心，公历九月二十八日孔诞日若要为孔子办一场寿宴，每一道菜都有姜的姜宴或许是不错的选择。

立冬节气旅行 | 京都红叶情绪[①]

趁着小休到日本旅行,选定了京都的红叶季。日本人算出枫火的速度以一天二十七公里由北向南蔓延,每年约十一月二十日抵达京都,会有为期十天左右最灿烂的枫火。虽说如此,但大自然变化无常,深秋枫树燃烧的方式有其限制,要日夜温差达十五摄氏度以上,枫红才会够透够浓,而且期间还不能有秋风秋雨来煞风景。风雨一来,不管红叶黄叶都会凋零,枫火盛景即宣告结束。

我在十一月二十日抵达京都,当地朋友说我来得正好,经过了数日的白昼热入夜凉,正是缤纷红叶闹枝头的时刻,京都近郊数处红叶名所正绚烂上演夺目的枫戏。

当天去了东福寺,从通天桥上眺望桥下溪涧中怒放的枫火,从跳动的金黄色到橙色、橘红色、洋红色、赤红色、酒红色、紫红色,各种色泽千变万化的红叶在眼中闪烁,直捣内心深处。原来深秋天地竟以如此狂野耀眼的方式宣告落幕。人生由中年步入晚年时,是否也该有生命的壮丽演出?

我由通天桥遥视对岸的卧云桥间的枫景,这里是京都第一观枫所。可惜赏枫人太多,而且奇的是一条桥上众人皆向北

[①] 日语中的"情绪"与中文的意思稍有不同,在日本指人对季节、天气或者事物的变化较敏感,并且由于这些变化而产生的各种感慨。

望。我凑了一会儿热闹后，转身回望桥南侧的山谷，虽不如北侧丰富，但反见清幽，尤其是临山坡地的枫叶有的已经掉落，更显出正在枝头灿放的枫火的脆弱。我站在南侧的桥上许久，身边无人挤来挤去，享有刹那的清心，更能领会枫火的热与冷，人世的闹与静。

第二天去了洛北的曼殊院，游人较稀。站在野地的红枫树下，微风一吹，偶有干脆的红叶掉在衣襟上。脚下红叶铺地，走在红叶路上，进行一场天地时空之旅，四季推移是旅程的印记。

曼殊院的庭园造景四季皆佳，秋季园中以一常青松柏为中心，四周环绕变色枫。这是有禅意的造景，让人悟得人生如变色枫来来去去，但生命本质却是常青树永恒不变。另一角假山上置了红叶树和秋杝并列，一绚丽一萧索，是秋季两心，也是人生之秋苦乐参半之提醒。

看了两天枫火热情演出，第三天上午去大原三千院看阿弥陀寺前的红叶。没想到中午就下起雨来了，雨愈下愈大，眼前的枫火如同烈焰被浇熄，雨中红叶情绪剧变，霎时最后的灿烂变成了遗憾，红叶掉落湿泥中，美好红叶时光化为尘泥。

京都一场观枫，竟如一趟人生游园，春樱虽短，有夏绿等待，秋枫匆匆，更要加紧把握，秋去冬来，不必再留恋盛景了。京都红叶情绪，也是中年的滋味了。

立冬节气诗词

《立冬闻雷》
［宋］苏辙

阳淫不收敛,半岁苦常燠。
禾黍饲蝗螟,粳稻委平陆。
民饥强扶耒,秋晚麦当宿。
闵然候一雨,霜落水泉缩。
荟蔚山朝隮,滂沱雨翻渎。
经旬势益暴,方冬岁愈蹙。
半夜发春雷,中天转车毂。
老夫睡不寐,稚子起惊哭。
平明视中庭,松菊半摧秃。
潜发枯草萌,乱起蛰虫伏。
薪樵不出市,晨炊午未熟。
首种不入土,春饷难满腹。
书生信古语,洪范有遗牍。
时无中垒君,此意谁当告。

《立冬夜舟中作》

[宋]范成大

人逐年华老,寒随雨意增。

山头望樵火,水底见渔灯。

浪影生千叠,沙痕没几棱。

峨眉欲还观,须待到晨兴。

《立冬前一日霜对菊有感》

[宋]钱时

昨夜清霜冷絮裯,纷纷红叶满阶头。

园林尽扫西风去,惟有黄花不负秋。

《立冬》

[元]陆文圭

旱久何当雨,秋深渐入冬。

黄花犹带露,红叶已随风。

边思吹寒角,村歌相晚舂。

篱门日高卧,衰懒愧无功。

《次韵古愚立冬日观菊》

[宋]沈说

闲绕篱头看菊花,深黄浅紫自窠窠。
清於檐卜香尤耐,韵比猗兰色更多。
九节番疑今日是,一樽未觉晚秋过。
从教白发须簪遍,且任当筵作笑歌。

《立冬》

[明]王稚登

秋风吹尽旧庭柯,黄叶丹枫客里过。
一点禅灯半轮月,今宵寒较昨宵多。

节气 20 小雪

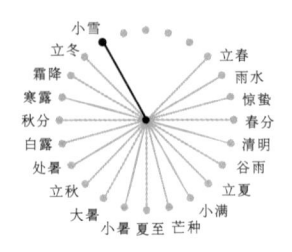

阳历 11月21日—11月23日 交节

小雪节气文化

每年阳历十一月二十一日至十一月二十三日之间，当太阳位于黄经二百四十度，为小雪节气。在北半球高纬度地区，因气温下降而开始下雪。农谚云"小雪小到，大雪大到"，是对天气物象变化的形容。在北方地区，"小雪不见雪，来年长工歇"，意味着没了小雪，冬麦就无法生长，来年不只会缺水，而且土地的虫卵不能减少，会产生虫害过多的问题。

黄河以北在小雪开始降雪，但黄河以南的降雪却要等到冬至才开始，纬度的变化对应着节气的转变，大自然有着此起彼伏的交响节奏，其中蕴藏着天地万事万物的规律。

古籍《群芳谱》中记载，"小雪气寒而将雪矣，地寒未甚而雪未大也"，指的是天气寒冷，使得空气中的水汽从雨凝结为雪，但因还不太冷，只见米粒般的小雪。这些雪常是半融化的状态，也就是气象上说的湿雪，有时雪花会夹在雨中，让人分不清是雨还是雪，也有人称之为雪雨。这些新雪像白糖粉般飘飞在空中，煞是好看，提醒人们冬天正加快脚步来到（我在英伦五年，过冬时会观察到这些景象）。

《月令七十二候集解》中记录，小雪有三候现象"虹藏不见""天气上升，地气下降""闭塞而成冬"，说的是由于北方不再降雨，彩虹便不再会出现，仿佛躲藏了起来，天空中阳气上升，地面上阴气下降，导致天地不通，阴阳不交（原本天地的气理是空中的阳气下降，地面的阴气上升，天地阴阳相交），致使天地闭塞，万物失去了生机，才形成了冬。冬即终止、收藏之意，大地仿佛把自己收藏了起来。

小雪字形意都美，自然宜于入诗，唐代诗人元稹有首《雪天》：

故乡千里梦，往事万重悲。
小雪沉阴夜，闲窗老病时。

> 独闻归去雁，偏咏别来诗。
> 惭愧红妆女，频惊两鬓丝。

用小雪寓意人之初老，红妆遇老病，雪花与白鬓对照，真叫人惊见万重悲。

宋代诗人李复有一首描写山寺禅者的小雪诗《山寺禅者》：

> 败屋数间丛万筿，虎豹到庭门下镤。
> 自种石田一饭足，与语略能言璨可。
> 天昏霏霏小雪堕，拾薪吹炉劝亲火。
> 叶藏巨栗大如拳，拨灰炮栗来馈我。

此诗既见禅者之清寂，亦见生动之趣，一句"拨灰炮栗"的情趣叫人生羡。

宋代诗人陈廷光的《小山见梅》亦十分雅趣：

> 小雪梅香已破缄，罗浮春信许先探。
> 松林酒肆知谁醉，石壁题诗只自惭。
> 未放翠禽呼梦觉，待教黄野纵鸾骖。
> 行当看我飞云顶，并取春魁压斗南。

小雪是初梅时节，静扫寒花径，花雪随风不厌看。

小雪也是先人农活中最重要的腌菜时节，从小雪开始腌冬菜，能一直吃到立春。

除了冬菜，农人也开始制作各种腊肉，杀猪宰羊，用花椒、丁香、大茴香、八角、桂皮等香料，将生肉腌于土缸中十五日，之后用绳索挂起来风干，再用柏树枝、甘蔗皮、椿树皮、柴草点火慢慢熏干，这样制好的腊肉可以经年不坏。如今忆起童年家中自制熏腊的情景，真怀念啊！

小雪节气适逢农历十月中旬，亦包括农历十月十五日的下元日水官大帝的诞辰。下元节是重要的民间祭典，各地神坛要建醮还愿，感谢今年家畜平安，农作丰收，台湾民间会准备"红龟粿"（红色龟状包豆沙的米食）来祭祀神明。

小雪食疗之道中，香蕉是很常见的食材，因为香蕉会帮助人脑产生5-羟色胺，有助于对抗冬日忧郁。另外要多食用豆浆、蛋黄、鸡肝、胡萝卜、苹果、枸杞、橘子、葡萄、蜂蜜等，这些食物都可改善冬季肌肤干燥、面容憔悴、身体虚弱等症状。

小雪时节，人体因受太阳热能不足，特别容易情绪郁闷，尤其是在高纬度地区的人们，要特别注意应适当地运动、晒太阳。偶尔喝一些咖啡或红茶等含咖啡因的饮品也有助于振奋精神，像英国人喝的下午茶就可帮助对抗英国冬日的阴沉天气。

此外，冬日喝一些温酒也对身心有益，如东方人的温黄酒、西方人的热红酒都好。中国台湾地区喝的米酒桂圆茶，也有助于活络身体。

小雪节气要特别小心受寒引起的经络病变所导致的关节肿痛、腹肿、疝气、足内翻等不适，多用手掌搓全身干洗澡，直至全身发热，可帮助身体经脉活络。此外，尤其要注意下肢的保暖，下肢容易虚冷者，从小雪起就要养成在室内也要穿袜子的习惯，脚暖全身暖，全身暖经络活。小雪要特别注意脚的保养，用热水泡脚、脚底按摩、做脚部运动等都可。

小雪节气民俗 ｜ 下元节祭水官大帝

农历十月十五日是下元节，和上元节（农历一月十五日的元宵）、中元节（农历七月十五日）合称为道教的三元节，因为都在农历的"望"①，所以都是月圆之夜。

道教在三元节拜三官大帝，上元节拜天官，中元节拜地官，下元节拜水官。三官大帝的职守是掌管人间祸福，各有其场域，水官大帝以管理水域为主。水域包括水田，台湾地区多水田，所以在下元节的夜晚，当地农民会去水田里祭水官大帝。

---

① 指农历每月十五日（有时是十六或十七日）的月相，此时会看到圆形的月亮。

民间以尧、舜、禹为三官大帝的化身，大禹因治水而成为水官大帝，民间又派给三官大帝不同的超能力，如天官大帝可赐福纳吉，地官大帝可赦罪，水官大帝可解厄。在天地水三官之中，平民百姓最依赖的是水官大帝，达官贵人则多祭拜天官大帝，除鬼避瘟则求地官最灵。

小雪节气、下元节前后，是最晚的秋收日期，过了小雪，天地闭塞成冬（终），农人忙完一年田里的农事，开始谢秋收、谢平安。台湾各地会举办建醮的活动，酬谢各方神祇保佑农作丰收，各地庙台前也会开始搭台演酬神的戏码。

下元节这一天，亦是消灾日，要特别带红龟粿到庙里拜水官大帝。在泉、漳、客三族群中，保有最多中原信仰的客家人最尊崇三官大帝，因此台湾的三官大帝庙宇多是客家人所建。

小雪节气餐桌 ｜ 冬日热甜汤

进入小雪节气，台湾不下雪，但天气慢慢微寒，又到了可以喝热甜汤的季节了。

台湾街头巷尾，不时会看到一些小摊，在冬日中冒着白白的热气，有些人缩着身子坐在摊前吃喝着，走近一看，不少人正喝着热红豆汤或花生汤，脸上露出幸福的表情。

香港人爱喝糖水，台湾人爱喝甜汤，尤其是天气一冷，一碗热乎乎的甜汤下肚，暖胃暖手暖脚又暖心。

最受欢迎的甜汤，目前大概就是红豆汤了。别以为只是红豆加糖煮煮，选红豆可有学问。讲究的人一定要用台湾屏东万丹产的小红豆，煮前要先泡八小时的水，之后用中小火煮六小时，时间的拿捏很要紧，过短则红豆不够松软，过长则太烂太沙，所谓恰恰好，就凭老饕的口感决定。红豆汤可单吃，也有人喜欢加地瓜圆、芋圆，我则是传统派，只喜欢加古早的红白小圆子。台湾人认为红豆性温，适合在冬天吃，而且要吃热的才适宜，夏天就改喝冰绿豆汤退火。

冬天还盛行喝花生汤，闽南话叫土豆仁汤。台湾最好的花生产自北港、花莲、宜兰。煮花生汤也要先泡花生，要比小红豆泡更久，至少要十二小时，之后要煮八小时以上。花生汤要煮到花生仁软绵绵的，整锅汤色白如奶，且浓厚如浆。花生汤配桠饼是台湾本省人传统的早餐，吃时把饼浸在汤内泡软，黏糊糊地吃着，小孩老人最爱这种口感。

杏仁茶则是另一种热甜汤的选择。杏仁茶的制法，除了要泡杏仁，还要用石磨把杏仁磨成浆。杏仁生津益肺，被认为是秋冬补元气的甜汤，加油条的吃法则如台湾人早餐爱吃的热豆浆配油条。

台湾还有一款冬日的热甜汤，可能是西班牙人占据时留下的影响。这种甜汤是用炒焙过的糙米加花生一起制成的米浆，色泽黄褐，口感十分稠密，很像西班牙人爱喝的厚巧克力浓浆，也如西班牙人般会加油条一起吃。

冬日热甜汤中还有一款这几年十分流行的热地瓜汤，这原本是昔日平常人家喝的祛寒甜汤，煮时一定要加姜，手脚冰冷的人一喝就能解决问题。早年在台北冬日爬郊山的人，常会看到农家在家门外煮热地瓜姜汤，不仅可贴补家用，还服务了山友。如今走在冬日街头，闻到地瓜姜汤的味道，就会想到从前爬山的日子。

冬日热甜汤中最令我怀念的就是童年外婆常煮的热福圆茶。福圆就是桂圆，可加糖熬煮成桂圆滋味丰厚的热茶，喝时要加一点点台湾米酒，热气逼出酒香，不会醉人，只会醉心。卖热福圆茶的商贩早年常见，现在却多消失了，这跟桂圆和米酒的成本都变贵了有关。但我只要闻到福圆茶的味道，就会回想起外婆冬夜在厨房煮米酒桂圆茶的身影。

小雪节气旅行 | 黑松露的心魂

十几年前的十一月小雪时节，我到法国西南部的佩里戈尔地区旅行，那是我第一次见识到奇妙的黑松露。

黑松露是长在地下的野生块菌，每年从十月下旬，采集的农夫就会前往森林寻找黑松露。在此之前，我虽然早已耳闻甚至在巴黎吃过盘中少如碎屑的黑松露，却从未看过一整颗黑松露，更别说看过如何从大地上采集黑松露。

佩里戈尔是法国黑松露最重要的产地。我住的旅馆会在每年的十一月至来年一月举办特殊的黑松露之旅，旅客不仅可以亲眼看到采集的过程，还可以到镇上参观黑松露买卖市集，最后会在一家擅做黑松露料理的小馆饱餐一顿。

我参加的黑松露小旅行团只有十人左右，在十一月下旬一个风和日丽的晴天出发。我们一行人先到达一个叫高耳的小村，在一片树叶凋零的榛树林前，等待我们的是一位头戴法式贝雷软帽的老先生和一头机灵活泼的猪。

能看到猪可真稀奇，因为当时大部分采集黑松露的农人都已改用忠心的狗来工作了。狗并不爱吃黑松露，只因嗅觉佳，被人们训练了会闻出黑松露，而猪本能地受黑松露的吸引，虽然比狗更会找到黑松露，但主人往往就得和猪抢夺食物了。

我们一行人跟着向导——老人和猪，走进林间。只见猪哥四处嗅闻，突然在一处地面停下，开始用鼻脸、双足猛掘泥土，这时只见老人立即搬出一袋剥好壳的花生，引开猪哥的注意，同时立即用铲子铲出土中的松露。

掘出的黑松露，有如一颗小网球，外国朋友皮耶叹息说太小了，还好后来陆陆续续挖出像婴儿小拳头大小般的黑松露，皮耶才露出满意的笑容。那个上午，老人的运气不错，掘到了满满一提篮大大小小的黑松露。

黑松露藏身于大地之中，其实是有记号的，每一年可以发现黑松露的场所往往相隔不远，因此采集黑松露是可以世袭的行业，由懂门道的老人指引入行最快，熟门熟路的人也都会懂得在大地上留下一些私人的标记，提醒自己来年注意。

黑松露是野生的，虽然可以自己采来吃，拿来贩卖，政府却规定要缴税。但农人哪里肯交这种野外税，这才使得买卖黑松露成为地下黑市交易之一。

我们回到高耳小村，看到市集上一些老人提着用布盖着的黑松露，他们只跟熟客买卖，以免碰到巴黎来的查税员。高耳的黑松露市价比巴黎便宜一半以上，除了巴黎的餐厅，也有老饕级的观光客专程来买。当时，像婴儿小拳头大的黑松露约五十美元，但到最近两年，同样大小的却要卖到两百美元以上（若在巴黎、伦敦买就更贵了）。

当天中午，我们在高耳的小馆中，从黑松露炒蛋吃到黑松露牛排。黑松露奇异而独特的香气，据说饱含类似费洛蒙（动情激素）的气息，怪不得会引起猪哥的误会。

从黑松露之旅后，我似乎就和黑松露结上了缘，有不少机会品尝黑松露料理。其中最惊人的一次是在澳门，品尝到了由米其林三星主厨，被喻为"法国黑松露之王"的厨神侯贝松亲自做主厨的黑松露盛宴。

黑松露向来是侯贝松的拿手菜。当天下午在参加盛宴前，我还请教了侯贝松处理黑松露的秘诀是什么。侯贝松回答我，世界上没有任何两颗黑松露是完全一样的，黑松露受生长年份、季节、温度、湿度、土壤、树木的影响都不同，因此每颗黑松露都有独特的生命。

侯贝松还说，因为黑松露如此珍贵，他会依据手上拿到的不同的黑松露的现况，找出最适合表达出这颗黑松露美味的方式。侯贝松强调，在厨房工作的人，都必须杀生，在夺取动物、植物的生命时，为了尊重这些生命，必须以最好的创造（厨艺），来弥补生命的损失。

那天的晚宴，从各地聚集而来的十位客人，坐在侯贝松美食殿堂华丽的圆桌前，等待一年一度的黑松露盛宴开始。

包厢内散发着黑松露特殊的香气，身旁的厨柜上放了一大篮黑松露，篮内每一颗黑松露都散发出大地生命的气息。

当天的晚宴，我们吃了黑松露猪肉派、黑松露鹅肝千层酥等。其中最让我难忘的是先后两整颗的黑松露，先上场的是用波特红酒高汤炖煮的黑松露之心，一个人吃一整颗，真是奢侈得不可思议。本以为黑松露之心已经虏获了我的心,接下来却是更令我惊心动魄的黑松露之魂:一整颗完完整整的,像初生婴儿拳头的黑松露坐在白盘中,上方挖了洞,洞中是鸡蛋以及蛋白霜。黑松露和蛋本来就是最经典的搭配(如黑松露炒蛋),但谁会想到用黑白两色,恍如黑火山上的白雪的意象来表现?烤过的黑松露,吃来有淮山药的口感,但香气扑人。珍贵的黑松露以如此平凡如马铃薯的姿态供人享受,让黑松露回归了大地的平常心。

我想起侯贝松下午告诉我的一段话。他说,黑松露在二十世纪第二次世界大战之前都是很廉价的食材,就像日本人曾经把如今贵同黄金的金枪鱼腹丢给猫吃,人们只吃金枪鱼精肉,第二次世界大战前的法国穷人家的小孩也曾把黑松露当马铃薯吃。

我看着黑松露之魂,这正是侯贝松美食哲学的展示。他不管食材本身的价格,对黑松露仍有一份初心,只关心怎么吃最好吃,就像爱吃黑松露的猪,脑中只有美味,哪有昂不昂贵这回事。(事后主办餐会的主人说,他所付的费用根本连付一人两颗黑松露的钱都不够,身为大厨的侯贝松在那个晚上有如电影《巴贝特之宴》中的巴贝特,肯定为了厨艺的表现而赔了钱。)

一场黑松露盛宴下来,不管是视觉、胃口、情感、心灵都得到了异常的满足,没想到当天晚上却有更奇妙的事情发生。

喝了好酒、吃了大餐的我们，照以前经验，晚上一定睡得不安稳，没想到我却意外地一夜好眠，而且醒来情绪十分欢欣，一点儿起床气都没有。更神奇的是，和我一起用餐的夫婿全斌醒来后告诉我，他做了一个不可思议的怪梦，而且不是普通的梦，是那种被称为清明梦的梦，就是梦中你可以看到自己，知道自己一半醒着一半在梦中。他看到自己眼前展开了一幅巨大的银幕，银幕上演出他的前世今生，一场又一场清晰的景象，他飞越过不同的时代，看到自己几世的遭遇，他感受到巨大的悲伤和欢喜的同时，又觉得无比的平静。

我先生从来不是神神鬼鬼型的人，他说他也从未做过这种梦。发生了什么事？难道是黑松露的效用？但我为什么不会？世界上吃黑松露的人那么多，为什么别人不会？难道是个人体质不同，还是和吃的分量有关（吃两颗对我先生够了，也许我得吃加倍才行）？

回台北后，我查资料，发现人类吃黑松露的历史源起甚早，美索不达米亚古文明、古埃及文明、古希腊文明都有把黑松露当神圣食物的记录，但后来的基督教文明却禁止人们吃，并说黑松露是魔鬼的东西。这会不会就是因为黑松露有唤起深层潜意识的能力（某种类似天然迷幻药的化学作用）？在法国普罗旺斯的民间传说中，黑松露可以让人回到过去，这种前世今生的说法的确违反基督教教义。

黑松露在美索不达米亚的名称是"Kama"，和梵文的业力之音相似。世人常说黑松露有春药的功能，能唤起性的能量。其实性只是生命能量的低层表现，会不会黑松露唤起的是生命更高层的源头能量，能带领人们穿越生死边界，找回心魂的活力？

原本只是一场黑松露盛宴，如今仿佛变成一场圣宴，上天赐予的大地上野生的黑松露，也许正包含着自然的奥秘与奇迹。只是野生的黑松露如今价格太高，大部分人都负担不起，黑松露的奇幻心灵旅程，也就不容易发生了。

小雪节气诗词

《小雪》

［唐］戴叔伦

花雪随风不厌看，更多还肯失林峦。

愁人正在书窗下，一片飞来一片寒。

《除日》

[唐]张子容

腊月今知晦，流年此夕除。

拾樵供岁火，帖牖作春书。

柳觉东风至，花疑小雪馀。

忽逢双鲤赠，言是上冰鱼。

《东溪杜野人致酒》

[唐]钱起

万重云树下，数亩子平居。

野院罗泉石，荆扉背里闾。

早冬耕凿暇，弋雁复烹鱼。

静扫寒花径，唯邀傲吏车。

晚来留客好，小雪下山初。

《腊后一日雪晴西郊》

[宋]范祖禹

腊后寒威壮，春回岁律穷。

薄云霏小雪，爱日解严风。

银阙千门迥，瑶林万里同。

谁能拂毫素，移入画屏中。

节气 21 **大雪**

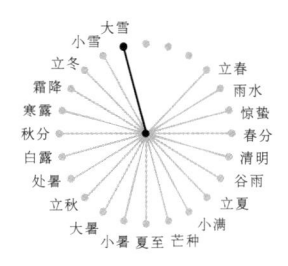

阳历 12月6日 — 12月8日 交节

大雪节气文化

每年阳历十二月六日至十二月八日之间，进入大雪节气，此时太阳运行至黄经二百五十五度。在中国大陆北方，降雪量开始变大，古人说大者即盛也，大雪即雪盛矣。

大雪的雪，不像小雪往往落地就融化，大雪会形成积雪，积雪可滋养越冬植物，因此，才有农谚"瑞雪兆丰年"之说。

大雪时节的自然景观也形成冬天的美景，如"千里冰封，万里雪飘"的形容。

大雪的雪虽大，但往往并不太严寒。大雪是物候现象，还要等到大雪过后的冬至才真正寒冷，再过了小寒到了大寒，才会到冰霜寒彻骨，因此民间才有"下雪天不冷"之说。

大雪在《月令七十二候集解》中有三候现象："鹖旦不鸣""虎始交""荔挺出"，指的是天气冷了，连鹖旦，即寒号虫都不再鸣叫，因大雪时阴气最盛，但阴盛而衰，阳气亦已开始触机。喜阳的老虎感受到阳萌，也开始有了求偶行为。至于荔挺是一种喜阳的兰草，此时因阳气的出现，也抽出了新芽。

大雪是古代诗人极喜入诗的节气，因大雪纷飞的情景容易牵动感怀。白居易就为大雪写下了三首长诗，其中的《放旅雁·元和十年冬作》云：

> 九江十年冬大雪，江水生冰树枝折。
> 百鸟无食东西飞，中有旅雁声最饥。
> 雪中啄草冰上宿，翅冷腾空飞动迟。
> 江童持网捕将去，手携入市生卖之。
> 我本北人今谴谪，人鸟虽殊同是客。
> 见此客鸟伤客人，赎汝放汝飞入云。
> 雁雁汝飞向何处？第一莫飞西北去。

淮西有贼讨未平，百万甲兵久屯聚。
官军贼军相守老，食尽兵穷将及汝。
健儿饥饿射汝吃，拔汝翅翎为箭羽。

诗人以大雪物景比喻社会疾苦，语调清寒铿锵，读来寒透心脾。一句"我本北人今谴谪，人鸟虽殊同是客"，写出了诗人的心境，而"中有旅雁声最饥""见此客鸟伤客人"，将天地与人间的疾苦同时展现。善以自然入诗的陆游写下了《大雪歌》：

长安城中三日雪，潼关道上行人绝。
黄河铁牛僵不动，承露金盘冻将折。
虬须豪客狐白裘，夜来醉眠宝钗楼。
五更未醒已上马，冲雪却作南山游。
千年老虎猎不得，一箭横穿雪皆赤。
拿空争死作雷吼，震动山林裂崖石。
曳归拥路千人观，髑髅作枕皮蒙鞍。
人间壮士有如此，胡不来归汉天子！

这首诗让今日的动物保护人士读来真是心痛，陆游可说是动物保护人士的先行者，一句"千年老虎猎不得，一箭横穿雪皆赤"写出了人性的残忍，大雪纷飞时，正是老虎应阳萌而开始交配之际,天地一片白,全身斑纹的老虎不易藏身,反而给猎人绝佳的打猎瞄准的机会。

大雪虽然天地闭,居家过起苦寒的日子,田里的冬麦却十分欢喜,所谓"冬天麦盖三层被,来年枕着馒头睡"。冬季无雨,靠的就是大雪带来的滋润,地处南方的台湾不下雪,大雪节气则需要有云有雨,因此台湾民谚有"大雪无云是荒年""大雪雨,甘蔗喜"之说。大雪节气不仅和来年的农事有关,亦是重要的农产、渔产采收期,如南方的花生就在大雪时盛产,北方则开始采收根茎类植物,如白萝卜。此外,乌鱼群会在大雪时顺着寒流从北方进入台湾海峡,渔民可大量捕获乌鱼、鲛鱼等鱼类,而雄乌鱼的精囊(乌鱼鳔)此时成了男性食客冬补的珍肴,雌乌鱼的卵巢(乌鱼子)也开始被腌制、晒干,到了农历年前也成为民间最珍贵的送礼自用两相宜的年节食品。大雪可开始吃温热食材,如老姜麻油炖鸡、鹌鹑,烧酒鸡与烧酒桂圆糯米粥也开始上市,热乎乎的糖炒栗子和盐水煮花生也是冬令的街头零食,姜母鸭、姜母茶则是祛寒圣品。

大雪节气中气温变化大,要特别小心呼吸系统和心脑血管疾病,尤其是在北方严寒地区的老人要特别预防中风。保寒要先保头,头部乃诸阳之会,最怕阴气侵入,因此老人在冬季要养成戴帽习惯(记忆中我爸爸冬日都会戴着毛呢鸭舌帽),不可让寒风吹。在位于亚寒带地区的英国,老人在冬日大雪后在室内也会戴软帽,甚至睡觉时还戴睡帽,就是为了保头保平安。

除了保头，保脚部的温暖也很重要。俗话说"寒从脚下起"，冬天穿上毛袜可让全身温暖，血管畅通。

除了头、脚，凡身体皮肤特别薄弱之处，也要在大雪节气后注意保养，像人的嘴唇四周，由于冬季干燥寒冷容易发干，常用嘴舔，再加上冬季新鲜蔬菜摄取不足，导致维生素B2缺乏，会引起口角炎。冬季要养成补充蔬菜、水果的饮食习惯，可以选择平性及温热性的食物，如大蒜、生姜、辣椒、洋葱、香菜、桂圆、栗子、山药等。在饮食禁忌方面，冬季自然不宜食过冷、过寒的冰品及水果，一边吃火锅一边吃冰饮当然是大忌。

大雪节气民俗 | 大雪大根焚祭

十二月初到圣诞节前，大概是京都一年之中观光客最少的时间。赏枫季结束不久，枫红都已经落地，残枝孤丫映衬着冬日清澈的蓝天，虽是大雪节气，但京都在此时不常下雪，通常要等到大寒前后才会下雪。

天气虽然清朗，但寒风依然凛冽，京都在此时有个暖心的民俗祭典，算是京都的冬日风物诗，在十二月七日、八日两天，于西阵的千本释迦堂举办"大根焚祭"。大根指的是长条状的白萝卜，切成一段一段，用大铁锅炖煮，供参拜者食用。

京都人在阳历十二月八日纪念释迦牟尼的悟道日，其实是个误会，因为释迦牟尼的悟道日是阴历十二月初八，但明治天皇改阴历为阳历后，原本的阴历日全都直接换成阳历日。我曾参加过一回大根焚祭，好在京都此时已出产白萝卜，但白萝卜要过了冬至才更甜。我在一群执事甚为庄重的京都人之中，看他们诚心诚意地在那儿焚煮白萝卜，无言以对，只能暗怪明治天皇为了脱亚入欧，大肆更改日本历法。但为何没有其他日本的有识之士倡导恢复东方的阴阳合历？让阳历归阳历，阴历归阴历吧！

大雪节气所在的月份原是一年中民俗祭典最少的，仿佛连神明都因大雪而休假了。台湾民间在此节气前后的阴历十一月二十九日为新竹的都城隍庙举行例祭，各地都城隍庙的分灵也会一起来庆祝，这是新竹地区一年之中最热闹的民俗祭典。

我因为弟弟住在新竹多年，不时会去探望他，顺便拜访新竹城隍庙，才慢慢知道新竹的城隍庙来历不凡。一般的城隍爷只管一市的城池，地位相当于市长，管理范围大一点儿的，如管理一府的是府城隍爷，管理一省的叫都隍爷，管理一国的是天下都城隍。像台北的城隍庙只有市级的城隍爷，台南曾是府城才有台南府城隍，但新竹凭什么有管理早年台湾全省的都城隍呢？

原来传说在清代，曾有清朝皇太子海上落难于新竹海岸的香山，借宿于天后宫，新竹的城隍托梦告诉淡水同知此事，皇太子才得以平安回朝，皇帝为了感谢新竹城隍的义举，赐其都城隍，这才有了当时台湾阶级最高的城隍爷。

大雪节气餐桌 ｜ 冬日吃萝卜

大雪节气一到，又到了吃萝卜的好时节。小时候，每到天气转寒，爸爸总是会做几味萝卜菜，像把白萝卜先切成薄片，再切成细丝，加香油、酱油、醋微拌，再掺一些青蒜丝，就成了冬日极好的开胃菜。

爸爸也喜欢用白萝卜烧牛腩，大家都喜欢先吃烧得极入味的萝卜，反而牛腩会剩下一大堆，尤其是红烧后的白萝卜最受欢迎，用来配白饭真好吃。还有白萝卜煮排骨汤，也是冬日的美味，寒冷的黄昏，捧着一碗撒了些芫荽的白萝卜汤，喝起来滋味鲜美极了。我们小孩常说白萝卜好吃，爸爸却说他小时候在老家南通吃过一种水萝卜，又嫩又甜，好像梨子一样。爸爸的话，我并未全信，总觉得他思乡心切，一定有些夸大。但我几年前冬天去上海，在菜市场看到有人挂着牌子卖苏北白萝卜，买来生吃，果然又脆又甜又多汁，真是不输天津水梨，才觉得以前不信爸爸的话真不应该。

韩国人也很会吃萝卜,冬天腌一大缸萝卜泡菜,可以吃一整年,但最好吃的还是寒冬里现腌现切的辣味萝卜。有一年在韩国古都庆州,住当地有大火炕的民宿,早餐就是民宿主人刚腌好的辣白萝卜,又辣又香又爽口,忍不住多吃了一碗白饭。

西方人冬天也懂得吃萝卜。最难忘有一年十二月的大雪时节,我在法国的卢瓦尔河谷地旅行。有一天在布卢瓦小镇过夜,晚上在镇里四处找吃食时,看到一处当地人家开的迷你餐馆,只有三张桌子。当晚我吃到了法国农家菜中极平常,却是餐馆中不容易吃到的生萝卜片拌法式酱汁。不过是用当季的鲜嫩萝卜切成细片,浇上第戎芥末酱、油、醋、蜂蜜拌成的酱汁,但这道偶遇的家常萝卜的滋味,比起我在米其林三星餐厅吃过的许多大菜,更常让我思念不已。

英国人冬天里常吃一种叫芜菁的类似青萝卜的植物,和羊腩一起慢火炖,吃来竟然和广东人的萝卜羊腩煲有些相似。有一次我用芜菁切细丝,做成了广东人的萝卜丝饼,请英国友人吃,他们大为赞赏,纷纷跟我要食谱。

还有一年十二月的冬日,我去波兰的古城克拉科夫玩,住在友人亚丽桑卓家,她买了一些绛红色的樱桃萝卜(台湾如今也有卖),稍微洗洗后就蘸着溶化的奶油吃,再配上在冰箱冻过的伏特加,竟然十分好吃。我回台北后,偶尔在家吃奶油小红萝卜,都会想起亚丽桑卓。

日本人属于北方民族，也很爱吃萝卜，他们称之为大根。有一道"大根焚煮"，即把白萝卜、魔芋和味噌同煮，很适合冬天在居酒屋喝烧酎[1]时当下酒小菜。日本人认为冬天吃萝卜可以补元气，是因为他们认为大地的精华在冬天都藏在土里，而萝卜吸收的正是大地的冬日精华啊！

大雪节气旅行 ｜ 冬日回锅汤之旅

一到十二月，天气逐渐变冷，慢慢地有了冬天的味道，也到了我在炉上炖一锅冬天的汤的时候了。这让我回想起冬日在意大利旅行时喝到的托斯卡纳人最喜欢的"Ribollita"，即一再重复炖煮的回锅汤，主要就是用冬天盛产的各式蔬菜杂煮而成的蔬菜汤。"Ribollita"最常用的就是胡萝卜、洋葱、芹菜、大葱、马铃薯、大蒜、西红柿、白菜豆、节瓜[2]等。这些菜大多在冬日盛产，尤其是根茎类蔬菜，冬日时特别甜。只有西红柿，意大利北部冬天缺货，因此一般人多用罐头的水煮西红柿取代，但在台湾或其他亚热带地区，买得到新鲜西红柿时还是用鲜货滋味较好（意大利友人的妈妈告诉我，传统的回锅

---

[1] 是一种产于日本的传统蒸馏酒。名称来自古汉语，与烧酒同源。
[2] 又名毛瓜，是冬瓜的一个变种。

汤其实是不放西红柿的）。

这式杂煮蔬菜汤，愈煮愈好吃，因此，意大利人在冬天的厨房里常常放上这么一锅，每天回锅煮，喝上一个星期都不腻，而且意大利人相信冬天是调理身体的重要时节，多吃根茎蔬菜，有助于聚积身体的元气。

典型的托斯卡纳蔬菜汤，起锅才加一些盐、白胡椒（这点很特别，托斯卡纳人可能受阿拉伯人影响，因此像中国北方人一样喜欢白胡椒，而非西欧人爱用的黑胡椒），再加上当年秋末刚榨好的精纯橄榄油，然后掰几小块隔夜发硬的托斯卡纳无盐农夫面包混在汤里，最后撒上托斯卡纳人爱死了的现磨帕玛森干酪。

第一次"吃"而不是"喝"这式蔬菜汤时，我有点儿不习惯，因为汤很少，完全不像广东人煲汤以汤水为主，吃料为辅。意大利人的蔬菜汤要做得地道，得汤匙放在汤中央都不会倒下来，可见得汤料有多厚实。回锅汤其实是托斯卡纳人的一道主菜，而不是附带的汤。

但和意大利人熟了后，才知道他们也喝回锅汤的，但不是在饭桌上喝，而是在厨房喝。由于冬日里回锅汤一直炖着，回家的人觉得手脚冰冷，又有一点儿饿时，就去火炉上盛一碗汤呼噜呼噜喝起来，这样东喝西喝，怪不得上菜时汤永远比料少。

除了蔬菜回锅汤，冬天里我也常炖小时候爸爸常煮的罗宋汤，材料和回锅汤差不多，只不过多了卷心菜和牛肉（意大利人用白菜豆的植物性蛋白取代牛肉），喝时不加橄榄油。记忆中，这锅罗宋汤常常在冬天出现在新北投家的厨房中，天气冷时我常常一天喝上六七碗，也是以喝汤为主，喝下去身体暖乎乎的，再跑出去吹寒风玩，就不怕冷了。

有一年冬天我在西班牙北方旅行，在塞哥维亚山城喝到了当地的冬日农民汤。蔬菜放的也是卷心菜、马铃薯、洋葱、红萝卜、大葱，还放了很像上海腌笃鲜汤里的陈年火腿和家乡肉似的一块老、一块新的腌火腿肉，再加上一段血肠。煮这道汤用的是大陶锅，也像砂锅一样有个气孔，好喝的汤要用慢火炖足六个小时，这道汤也适合一煮再煮，滋味更浓郁。

回到马德里，和当地友人瑞美谈起这道汤，她说这是马德里人心目中的妈妈的汤，凡是北方来的人从小都喝这道汤长大，而马德里还有一家开了上百年的老店，就以卖这道汤闻名。

后来我又去了这家位于马德里老城区的老店，一进门就看到好几个传统柴火炉上摆着喷着水汽的陶锅，空气中弥漫着香浓的、仿佛老家厨房传来的味道。这些冬天的回锅汤，带来的不只是身体的暖和，还有心灵的温暖啊！

大雪节气诗词

《送令狐岫宰恩阳》

[唐] 韦应物

大雪天地闭,群山夜来晴。
居家犹苦寒,子有千里行。
行行安得辞,荷此蒲璧荣。
贤豪争追攀,饮饯出西京。
樽酒岂不欢,暮春自有程。
离人起视日,仆御促前征。
逶迟岁已穷,当造巴子城。
和风被草木,江水日夜清。
从来知善政,离别慰友生。

《大雪三绝句》

[宋] 苏辙

闰岁穷冬已是春,当寒却暖未宜人。
阴风半夜催飞霰,稍净天街一尺尘。

《饥雪吟》

[唐]孟郊

饥乌夜相啄,疮声互悲鸣。
冰肠一直刀,天杀无曲情。
大雪压梧桐,折柴堕峥嵘。
安知鸾凤巢,不与枭鸢倾。
下有幸灾儿,拾遗多新争。
但求彼失所,但夸此经营。
君子亦拾遗,拾遗非拾名。
将补鸾凤巢,免与枭鸢并。
因为饥雪吟,至晓竟不平。

《庭松》

[唐]白居易

堂下何所有,十松当我阶。
乱立无行次,高下亦不齐。
高者三丈长,下者十尺低。
有如野生物,不知何人栽。
接以青瓦屋,承之白沙台。
朝昏有风月,燥湿无尘泥。
疏韵秋槭槭,凉阴夏凄凄。
春深微雨夕,满叶珠蓑蓑。

岁暮大雪天，压枝玉皑皑。
四时各有趣，万木非其侪。
去年买此宅，多为人所咍。
一家二十口，移转就松来。
移来有何得？但得烦襟开。
即此是益友，岂必交贤才？
顾我犹俗士，冠带走尘埃。
未称为松主，时时一愧怀。

22节气 冬至

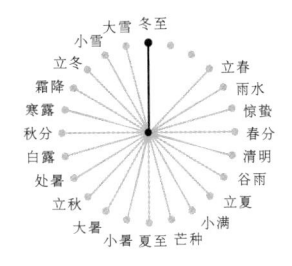

阳历 12月21日 — 12月23日 交节

冬至节气文化

冬至是古代一年八大节气（立春、春分、立夏、夏至、立秋、秋分、立冬、冬至）之一，始于阳历十二月二十一日至十二月二十三日之间，当天太阳光直射南回归线，是北半球白日最短、黑夜最长的一日。过了冬至这天，太阳直射点就逐渐返北，到了春分时直射赤道，又到了日夜等长的日子，再往北到了北回归线，则是北半球白日最长、黑夜最短的夏至，这就是四季循环的原理。

　　冬至时，地球公转运行至黄经二百七十度，天文学上这一天是北半球冬天的开始，亦是黄道十二宫中的摩羯宫的起点，也是很多西方人认为的冬之初。民谚也有"夏至不过不暖，冬至不过不寒"之说。但中国人从远古就视立冬为冬日之始，天子会亲率百官到北郊迎冬拜天，要等到冬天走了一半的冬至这一日，才在城殿中央之社祭天。

　　冬至是二十四节气中最重要的一个节气，因为古人用土圭测日影，发现冬至这天中午时分日影最长，因此把冬至日立为一年之始。周代的新年即以冬至始，正月初一即冬至当月新月初生的那一天。

　　由于冬至在古代是一年之始，如今民间仍存有"冬至大过年"之说。冬至是一阳生的日子（夏至刚好相反，是一阴生），《月令七十二候集解》中记载的冬至三候分别是"蚯蚓结""麋角解""水泉动"，指的是蚯蚓会阴曲阳伸，冬至时虽然一阳生，但地底蚯蚓受强盛阴气影响仍然曲结着身体，地上的麋鹿的角开始脱落。古人视角向前伸的鹿为阳性，角向后伸的麋为阴性，由于冬至一阳生，麋感受到阴气渐退而解角，而此时山中的泉水也开始流动了。

　　冬至是五行养生重要的节气，在八卦之理中，冬至一阳生，正是地雷复卦，卦象中上面五个阴爻，下面一个阳爻。冬至是子月，即一年之始，在一天十二个时辰中，子时也是人体一阳生的时辰。

冬至天冷，古人从冬至起开始数九，创出了《九九消寒歌》，过了九九八十一天的冷日子就春回大地了："一九二九不出手，三九四九冰上走，五九六九沿河看柳，七九河开，八九雁来，九九加一九，耕牛遍地走。"冬至是大日，自然有不少冬至诗，像杜甫写的《小至》就表现了诗人的博物感怀：

天时人事日相催，冬至阳生春又来。
刺绣五纹添弱线，吹葭六琯动浮灰。
岸容待腊将舒柳，山意冲寒欲放梅。
云物不殊乡国异，教儿且覆掌中杯。

冬至阳生春又来，若不懂冬至一阳生的节气之理，就看不懂此诗。从阳生起盼望春又来，诗人不仅在盼望天地的回春，其实也暗喻着期望政治世事恢复清明吧！杜甫不只这首冬至诗，还有《至后》：

冬至至后日初长，远在剑南思洛阳。
青袍白马有何意，金谷铜驼非故乡。
梅花欲开不自觉，棣萼一别永相望。
愁极本凭诗遣兴，诗成吟咏转凄凉。

可见诗人受天地一阳生之气影响，内心又有了阳动之气，思洛阳（注意洛阳的"阳"字）亦代表志在中原的宏图，无奈身在剑南。之后又写了更见悲凉的《冬至》一诗：

> 年年至日长为客，忽忽穷愁泥杀人。
> 江上形容吾独老，天边风俗自相亲。
> 杖藜雪后临丹壑，鸣玉朝来散紫宸。
> 心折此时无一寸，路迷何处见三秦。

冬至日昼夜反转，自然惹人心生天地变异之感，但身在异乡的杜甫仍然"路迷何处见三秦"，真是想不开啊，杜甫。中国文人向来既喜爱又心疼杜甫，和文人素有怀才不遇、无法报国之憾有关，因此易与杜甫相知。

冬至天冷，独眠最感凄凉，白居易有两首短诗都和冬寒心凉有关，《冬至宿杨梅馆》写道：

> 十一月中长至夜，三千里外远行人。
> 若为独宿杨梅馆，冷枕单床一病身。

另一首是《冬至夜怀湘灵》：

艳质无由见，寒衾不可亲。

何堪最长夜，俱作独眠人。

　　冬至当天夜最长，是为长至夜，长夜独眠，冷枕单床，寒衾不可亲，真是漫漫长夜难独过，这等情状，只有真正寂寞过的人才可领会。

　　冬至是古代的大日子，有不少食俗与冬至相关，如吃白肉，即源于古代天子祭天后会将用白水煮熟的、祭祀用的猪肉分给百官。此外，冬至有北方吃饺子、南方吃馄饨之俗。此食风起于汉代，传说因为冬至天寒，不少必须在户外活动的人因风寒而冻伤了耳朵，汉末南阳郡涅阳（今河南南阳）的医圣张仲景有感于此，就搭起了医棚，熬起了祛寒娇耳汤。所谓娇耳，即用羊肉、花椒、面皮做成的耳朵形状的面食，水煮娇耳就成了日后北方的水饺。

　　至于南方则有"冬至吃馄饨"的食俗。冬至一阳生，此时天地从阴中生阳，混沌初开，馄饨之名即从混沌而来，广东人的云吞亦借此音，但福建人把馄饨叫成扁食（象征天地之间扁扁隆起的形状）。相传馄饨是西施创造的，据民间传说，春秋时期吴王夫差胃口不佳，西施用面粉和水制作成了薄薄的皮，包少少的肉馅，再下水煮，放入高汤中，就做成了夫差赞不绝口的小食，夫差问此物为何，西施答"混沌"，可见馄饨是越人的小食，吴王才会不识。这个故事也说明西施收服吴王夫差的心不只是靠美色,这大概是"征服男人的心先征服他的胃"的最早版本。

绍兴古城本是越人之地,绍兴人在《越谚》中就记载,绍兴人在古代冬至时不仅食肉馅的咸馄饨,亦食芝麻糖馅的甜馄饨,此食俗后来亦转为冬至吃芝麻汤圆,汤圆亦名阳圆,也有冬至吃阳圆庆祝一阳生之意。

台湾人迄今都有冬至吃红白汤圆之食俗。红色汤圆是金圆（阳圆）,白色汤圆是银圆（阴圆）,金银圆即象征天地的阴阳相合。冬至用金银圆祭拜神明,吃完金银圆后就长一岁。由此可看出台湾民俗和中原古礼的紧密关系,台湾人的文化基因中还有冬至是一年之始的记忆。

陕西人在冬至吃红豆粥,亦是传自远古的食俗。相传共工的儿子在冬至日死,死后成疫鬼[①]（阴鬼）,但疫鬼怕红豆（红豆代表阳性的力量）,因此冬至日吃红豆粥可驱灾辟邪。

冬至节气民俗 | 冬至和圣诞节本一家

二十多年前我刚到伦敦居住时,英国友人就警告我要小心"冬日忧郁症"。我这个人天性乐观开朗,根本不相信自己会

[①] 散布瘟疫的鬼神。

患上什么忧郁症，更何况是天气造成的忧郁。

但当我在伦敦定居下来后，才知道英国冬日的可怕。位居中纬度地区的伦敦，每年一过昼夜等长的秋分节气，当太阳直射慢慢从赤道移往南回归线，每日的白昼就一天短过一天。每天太阳晚升起早落下，阳光一天比一天少。从九月下旬的秋分节气，每十五天过一节气，寒露过后是霜降、立冬，再到小雪，少雪的伦敦只偶尔飘些雪花飞絮，半夜飘，上午阳光一出就融化。小雪时白天很阴沉，往往上午七点多才天亮，但下午四点多就天黑。再到了太阳直射南回归线那一天，是北半球日最短夜最长的一天，这一天在阳历十二月二十一日至二十三日之间，即天文学上的冬至节气，西方人则称之为"winter solstice"。

中国人古代视冬至为一年二十四节气中最重要的节气，因古人用土圭测日影，冬至是一年中日影最长的一天，因此成为第一个也是最容易测出的节气。周代时冬至是一年之始，直到今日民间仍有"冬至大过年"之说。

冬至在天地阴阳五行之中，是阴极之至、阳气始生的日子，古人有冬至一阳生之说，即冬至过后，阳气回升，又是另一个天地节气循环的开始。

在伦敦生活的我，进入十二月后，每天能见到阳光的时间只剩下七八个小时，每天上午八点天才亮，每天下午三四点就天黑。这样的日子第一年熬过去了，到了第二年就开始感受到什么是冬日忧郁，也开始明白为什么英国人到了十二月就会学候鸟南飞，开始冬之旅了，而且旅行的地点都选在西班牙南部、希腊、北非这些还充满阳光的地方。

不能出门旅行的英国人，则从十二月起就开始迎接十二月的大日子，即圣诞节的来临。街上从十二月一日起就挂满了大大小小的灯泡，从太阳降落的下午四点开始，晶亮的灯光就闪烁在大街小巷。看着这些灯火，我才真正明白了圣诞节对英国、德国、北欧国家这些中高纬度国家的重要性，圣诞节的灯光原来是人类创造出来取代阳光的小太阳啊！

有些研究基督教历史的学者主张，耶稣是不是真的生在十二月二十四日并不可考，但早年的基督教徒选定这一日为耶稣诞生日是有理由的。因欧洲文明受到美索不达米亚文明影响，在远古时代，美索不达米亚、巴比伦等地早有祭拜光神的原始信仰，这种信仰后来也传为波斯的火神信仰，很多人认为光神和火神的生日就在十二月二十四日。这个日子有天文学上的意义，因为是在冬至后一日，正代表冬至一阳生，即太阳光的力量将逐日滋长增强至阳气最盛的夏至那一日。

因此，耶稣诞生的日子是不能随便选的。耶稣说：我是光，我是生命。这其实与古代太阳光神信仰有相似之处，因为阳光是地球生命的源头。将耶稣的诞辰定在冬至后一日，正好回应了人类对冬至一阳生的集体意识。

冬至是中国人的冬节，但如今却因西风当道，大多数的人到了十二月下旬，都只记得圣诞节，而忘了中国人本来的节日。其实在天文学的意义上，圣诞节和冬至节本一家，中国北方在冬至时也是天寒地冻，白昼太短，古人会升起冬至火来驱除黑暗，而冬至日的庆祝，也正代表着冬至近了，春回大地还会远吗？冬至日过后，阳光每天增加，人们只要对未来的阳光心怀希望，黑夜就不再漫长。

西方人过圣诞节也是这个道理，其实本意是庆祝冬至带来的阳光旅程，却变成了基督教的大日子。不管是教堂的烛光、圣诞树上的灯泡，乃至于从圣诞市集到百货公司热卖的各种节庆礼物，都是为了消除黑暗冬日的消沉心理。庆祝圣诞节，可带来精神的疗愈和物质的满足，这些都有助于克服冬日忧郁的低潮。

饮食是过圣诞节的重要大事，而且不只是吃圣诞大餐这件事。欧洲人早年是从十二月初开始就会陆陆续续准备各式各样的圣诞应景食材，像荷兰人会在自家制作蛋酒，蛋酒又名"律师的舌头"，意思是喝多了会让沉默寡言的荷兰人打开话匣子，像律师般能说善道。对于身处阴郁的十二月的荷兰人而言，蛋酒当然是对抗低潮的良品。北欧人会腌制各式鱼子（台湾人则腌乌鱼子），鱼子富含多样矿物质，早就证明可帮助脑部活动促进分泌血清素，也等于是抗忧郁的天然食品。英国人会从十二月初开始用综合干果（杏仁、栗子、核桃、腰果等）加上葡萄干、蔓越莓以及白兰地制作成圣诞布丁糕点，这种可以吃一整个月的糕点所用的干果蜜饯,也都可以对抗冬日忧郁症。

在欧洲过圣诞节,明显可看出位于北半球中高纬度、十二月阳光不足的国家,如北欧国家、德国、奥地利、英国等地区对十二月圣诞季都特别重视,一整个月活动不断,这些地区也是基督新教盛行之处。反观欧洲纬度相对较低的西班牙、葡萄牙、希腊、意大利等国,却更重视三月春分时天主教的复活节。两者的区别,或许就和阳光在地球照射时间长短的不同有关。

天主教徒重视复活节大餐,吃的是代表春分图腾的烤羔羊,基督教徒看重的是冬至圣诞大餐,冬至的图腾是山羊星座[1],圣诞大餐中的烤羊,烤的不是羔羊而是成熟的山羊,但因英国清教徒到了美洲没羊吃,就改成吃印地安人送的火鸡。英国人除了吃烤羊,圣诞大餐中还要吃熏鲑鱼,因为鲑鱼会洄游到出生之处,也代表着生命季节的循环。

我在伦敦第一年,就被邀请到好客的爱尔兰家庭中去过圣诞,女主人准备了烤羊腿佐薄荷酱、熏鲑鱼冷盘佐蛋黄酱、各种羊干酪、生菜沙拉和浇上白兰地、可以起火点燃的圣诞布丁糕点。

后来我回请这一对爱尔兰夫妇和两位华人朋友,一起吃东

---

[1] 人马座。

方的冬至餐。我在唐人街买了荷兰种的大白菜和韭黄，包了大白菜猪肉水饺和韭黄虾仁猪肉饺，又煮了鸡汤馄饨，再加上两款西方人喜欢吃的中式炒菜（糖醋肉、葱爆牛肉），还在唐人街买了一只烤鸭加面饼、葱酱，最后甜点是红豆汤小圆子，六个人吃得宾主尽欢。在十二月阴沉的时节中，果然，借着节庆大吃大喝、开怀聊天，可以点亮我们内心的灯，让我们看清世界的光明。

我在伦敦，因为十二月的天气，深深了解到天下本一家，人心的需要是如此响应天地，不管是冬至还是圣诞节，源头都是太阳崇拜。我们之所以过节，就是在回应阳光生命能量和地球的神圣关联。

冬至节气餐桌 ｜ 冬至大啖馄饨与乌鱼子

台湾人在冬至节气时除了吃汤圆，也会吃馄饨。吃馄饨其实更有古风，因为冬至正值天地混沌阴阳分际，以包好的小面食来当祭天地混沌的祭品，因此这种压扁的小小面皮包着肉馅的食物才有了馄饨这样的名称，但闽南人却喜欢根据形状叫这样的小食为扁食。

不管叫扁食还是馄饨，和饺子最大的不同就是皮薄馅少，要煮起来浮着,像只透明的小水母般玲珑剔透,馄饨皮散开像绸纱般轻盈,入口滑溜,口感才对。

好吃的馄饨,面皮一定要自己做,而且一定要现包现下,放久了(皮会湿)或冷冻过(皮会干)的,煮起来就不够好吃,但这种讲究如今少有人会在乎了,更令我怀念从前台北东门信义路上那家专卖现包现煮馄饨的小店。后来包馄饨的老婆婆退休了,我就再也吃不到极品的馄饨了。

除了小馄饨,还有大馄饨,通常都叫温州大馄饨。在台北,到处可看到卖温州大馄饨的店家(温州人爱吃馄饨,原因是古代温州和福建有密切的通商关系,使得温州食风近似闽),早上十点半就开张,可当早餐吃,若是当中餐或晚餐吃,就得加面成为馄饨面或配碗干拌面,这样的店家都流行附送辣极了的老虎酱。

不管是大小馄饨,都要有好高汤,要用大骨慢熬,绝不能加味精坏事。熬高汤是做好小食的基本功,但现今肯熬好高汤的店家也少了,碰不到好高汤,馄饨就成了浑水摸鱼了。

除了细皮的大小馄饨,还有粗皮的菜肉大馄饨,皮更类似饺子,但又比饺子皮薄些。菜肉大馄饨很抵食,一碗八大个就可以吃饱,有菜有肉有淀粉就是一餐。

馄饨本来就是祭品,祭天地之后才祭人的五脏庙,吃馄饨是让人感知天地运行的阴阳之气。馄饨要包得好,也要肯用点气力与心思,揉面团要用够气力,但捏得薄而透又不破的细面皮却需要轻巧的心思与手工才行，馄饨之道亦是阴阳调和之道啊！

台湾人叫乌鱼为信鱼，意思是有信用的鱼，会在每一年冬至前后抵达台湾海峡。但过去十年，无法守信的乌鱼愈来愈多了，因为地球的暖化，海水温度年年升高，很多乌鱼就不来台湾了，只剩下少数的乌鱼不爽约。渔民都盼望着冬至能带来一波寒流，也带来被台湾人称为乌金的乌鱼。人们常说梅花是愈冷愈开花，乌鱼也是愈冷愈丰收，只是渔人都知道天下事有一好就没二好，乌鱼在寒流盛产，养殖的虱目鱼却因过寒而冻死。

台湾人很懂得吃乌鱼，吃的不只是乌鱼的鱼身，在十二月初开始捕获到乌鱼时，人们就会看到不少台菜小馆挂出当令的乌鱼膘、乌鱼肫的美味上市。

乌鱼膘是公乌鱼的精囊，因颜色的关系，又叫鱼白，白白嫩嫩的鱼膘，最适合配上冬季当令的嫩蒜苗用麻油简单爆炒，吃入口中十分柔软，比豆腐还嫩，入口即化，是台菜老饕的私密美味，每年当令的时间不到两个月，错过只有明年再来。鱼膘一定要新鲜现杀现吃才可口，也不能吃冷冻货，因此很多馆子都不卖此味，但台北丽水街上几家台菜馆有老客人支持，一入冬就有鱼膘上市。

乌鱼肫是乌鱼的胃，口感脆脆的如鸡肫，可简单氽烫后用蒜苗清炒，但更受欢迎的吃法是晒干后用小火炭烤来吃，是下酒的圣品。台南人很爱吃乌鱼肫，市内仍有不少小店用小炭炉烤乌鱼膘，有闲心闲空者，一块乌鱼膘可以在嘴里慢慢嚼一小时。

乌鱼最有名的吃法就是乌鱼子了，乌鱼子是母乌鱼的卵巢，要用盐腌制晒干。吃当季野生的乌鱼子的时令比吃鱼鳔、鱼膘要晚，约莫在大寒节气之后到过年间，各地新鲜晒制好的乌鱼子就红艳艳地挂出来了。

老一辈的人吃乌鱼子都很讲究，会先在乌鱼身上涂上一层台湾米酒，然后才放在炭火小炉上慢慢烤，要烤到有外酥内溏心的口感，切成薄厚适中的一小片，再夹上冬季当令的爽口清甜白萝卜一小片，两者合一，吃来十分配对。

除了现烤乌鱼子，也有烤好后真空包装的烤乌鱼子，打开包装就可以直接吃，当然没现烤的美味，却是我出门旅行时最喜欢携带的零食。在长途火车上或旅馆夜泊时，随时切上几片来吃，真是解乡味之馋哟！咸甘口的乌鱼子在口中慢慢细嚼，就安慰了旅人的心。

冬至节气旅行 ｜ 阿尔萨斯味觉之冬

圣诞节前在巴黎办完公事后，还留下近一周的时间，也许是在巴黎的"Brasserie Lipp"吃阿尔萨斯菜吃出了瘾头，我决定搭TGV高铁去阿尔萨斯重温旧梦一番。我上回去阿尔萨斯，当时从巴黎东站还没有TGV可以直通欧盟议会的所在地斯特拉斯堡，原来是因为阿尔萨斯省民众屡屡在公民投票时否决高铁的兴建，理由是不想缩短和巴黎的车程距离。这种心态当然与历史上屡屡做两面不讨好的夹心人有关。我有位住在斯特拉斯堡的朋友就对我说，现在阿尔萨斯人的肉体是属于法国的（在法国国境内），脑子却属于德国（这里人的种族特性较接近德国人），但灵魂却谁都不属于，只属于阿尔萨斯。

冬日太冷，并不适合拜访酒乡。几年前的圣诞节前，我曾去斯特拉斯堡和科尔马过冬，这一回重返阿尔萨斯也是想回忆上一次旅程，因为喜欢圣诞节的人一定不能错过斯特拉斯堡十二月的圣诞市集。在斯特拉斯堡大教堂前会摆上两百多个摊子，卖各种圣诞饰品、服装、玩具、农产品、糕饼、巧克力、酒等等，在将近一个月的时间内，天天都有活动，像大教堂音乐会、教堂广场上的木偶戏、夜晚的烟火会、穿中世纪服饰的游行等，游客都可以参加，简直是北方的嘉年华。

为什么要在十二月办嘉年华？表面上是宗教节目，庆祝耶稣诞生，其实是岁时活动。基督教宣称耶稣的生日刚好在重要的天文节日冬至后。冬至是北半球白昼最短、黑夜最长的一日。这个白日缩短的现象从十一月下旬到十二月下旬就一直在进行，整个十二月北半球中纬度地区（如阿尔萨斯），每天早上不到八点看不到天亮，下午四点不到天就黑了，住在这里的人，十二月天天面对着又湿又冷的天气，心里也郁闷起来。这时又是农闲的日子，如果天天不出门待在家里是会产生冬日忧郁症的，但光鼓励大家去教堂做礼拜兼散心也不见得有效，还不如在大教堂前摆摊卖东西，弄得五彩缤纷、灯火通明，加上唱歌、跳舞、演戏、吃喝等等，整个十二月的忧郁不知不觉就度过了，又可以增加地方的经济活动，商人口袋里钞票多多，这一套圣诞节大消费可说是物质与精神双赢的设计。

我到每个城市，都会有一份必吃必喝清单，在斯特拉斯堡的清单上写着的首选即鹅肝配雷司令白酒，接着是酸白菜、火腿肉、培根、猪颊肉、猪大排、猪小排、大小猪肉香肠等等。阿尔萨斯以擅长处理猪肉闻名，还会尊称猪为猪大爷，像中国人吃猪肉一样，会把肉品分各种部位精心烹饪，也擅长制香肠。我平常是不爱吃西方一般无味的香肠，但阿尔萨斯香肠除外，因为肉味十足，口感又佳。接着是吃蜗牛，一般人以为勃艮第蜗牛是正宗，却不知吃阿尔萨斯葡萄叶长大的蜗牛滋味更新鲜。清单上还有阿尔萨斯的炖鳗鱼，因阿尔萨斯水源充沛，河鲜料理自然丰美，做法多是用白葡萄酒加各式蔬菜高汤清炖。这里吃鱼都连鱼头一块吃，很对华人的胃，常吃的鱼有各种淡水鱼，像鲑鱼、鲤鱼、梭子鱼、鳟鱼、鲈鱼、白斑狗鱼等。一般人都知道阿尔萨斯有酸白菜什锦猪肉盘，却少有人知道这里的酸白菜什锦鱼肉盘也很有名。日本人常说味觉之秋，我却爱阿尔萨斯的味觉之冬。

冬至节气诗词

《邯郸冬至夜思家》

[唐] 白居易

邯郸驿里逢冬至,抱膝灯前影伴身。

想得家中夜深坐,还应说著远行人。

《冬至日遇京使发寄舍弟》

[唐] 杜牧

远信初凭双鲤去,他乡正遇一阳生。

尊前岂解愁家国,辇下唯能忆弟兄。

旅馆夜忧姜被冷,暮江寒觉晏裘轻。

竹门风过还惆怅,疑是松窗雪打声。

《冬至夜寄京师诸弟兼怀崔都水》

[唐] 韦应物

理郡无异政,所忧在素餐。

徒令去京国,羁旅当岁寒。

子月生一气,阳景极南端。

已怀时节感,更抱别离酸。

私燕席云罢,还斋夜方阑。

邃幕沉空宇，孤灯照床单。

应同兹夕念，宁忘故岁欢。

川途恍悠邈，涕下一阑干。

《赠潘高士二首（之一）》
　　［宋］白玉蟾

冬至炼朱砂，夏至炼水银。

常使居士釜，莫令铅汞分。

子母既相感，炎候常温温。

如是既久久，功成升紫云。

《冬至后三日与罗楚入倅厅两松下梅花盛开取酒》
　　［宋］朱翌

老松鳞甲待拿云，俯视梅花意亦亲。

粉色上参冬岭秀，虬枝下挽越溪真。

乘闲到此能终日，与我来游尽可人。

今代华光古韦毕，生绡一幅两传神。

《冬至斋居偶阅旧稿志怀》

［清］爱新觉罗·弘历

静听迢迢宫漏长，斋居暂屏万机忙。

那无诗句娱清景，恰有梅梢送冷香。

案积陈编闲检点，志期旧学重商量。

灰飞子夜调元律，又喜天心复一阳。

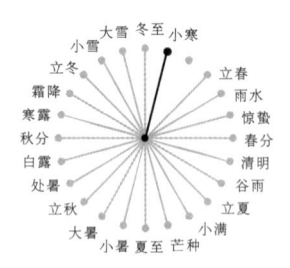

节气
23 小寒
阳历 1月5日—1月7日 交节

小寒节气文化

冬至不过天不冷，到了一月的小寒与大寒，往往是一年中最冷的时候，许多人都会有这样的经验，冬天总是愈来愈冷，夏天也是愈来愈热，因为地球就像个大冰箱或大烤箱，累积的冷热能都是渐进的。

小寒始于阳历一月五日至一月七日之间，此时太阳运行到黄经二百八十五度。小寒在《月令七十二候集解》中的三候现象是"雁北乡""鹊始巢""雉雊",指的是古人认为候鸟中的大雁会顺着节气中的阴阳能量而迁移,小寒时阳气已动,大雁也开始向北飞翔,喜阳的喜鹊开始筑巢,而雉鸟也因阳气而开始鸣叫,这些物候现象在今日的都市水泥丛林间恐怕不容易见到!

夏天有三伏天,冬天有三九天,小寒还在二九之中,要过了小寒,才进入三九天。三九天中国北方因"小寒大寒,冻成一团",农作物无法生长,但在中国江南一带,从小寒开始,就来了冬春花期的信息。所谓的"二十四番花信风",指的是经小寒、大寒、立春、雨水、惊蛰、春分、清明、谷雨八个节气中当令开花时的风。古人会依据节气种花,花期也仿佛节气历般,一看到花开,就知道处于什么样的节气之际。

二十四番花信风挺美的,来看看我们现今的生活是否还可以依节气赏到这些花:小寒三候梅山仙,指的是梅花、山茶、水仙;大寒三候则是瑞香、兰花、山矾;立春三候是迎春、樱桃、望春;雨水三候菜花、杏花、李花;惊蛰三候桃花、棣棠、蔷薇;春分三候海棠、梨花(记不记得"一树梨花压海棠"之说)和木兰;清明三候是桐花、麦花、柳花;谷雨三候牡丹花、荼蘼花、楝花。所谓"开到荼蘼花事了",指的就是二十四番花信风的结束。

小寒一词字义皆雅,诗人当喜入诗,好咏自然的陆游有一首诗名为《微雨》:

晡后气殊浊，黄昏月尚明。
忽吹微雨过，便觉小寒生。
树杪雀初定，草根虫已鸣。
呼童取半臂，吾欲傍阶行。

此诗写的是陆放翁在冬日小寒心境的清明，"呼童取半臂"的老态真可爱，活生生看到一老人下阶时傍着小童的情状。"便觉小寒生"是放翁自觉已老的寒凉，但"树杪雀初定，草根虫已鸣"，小寒虽然冷，但离立春不远了，老年的陆放翁还想出外散步，亦是对天地人生积极达观的生命态度。

小寒正值腊月，古代有所谓腊月腊祭的风俗，腊有合之意（湘菜中有一道腊味合），腊祭指的是合祭百神。这一习俗在周礼中分为小腊、大腊，小腊祭的是祖先，大腊则是祭天上的百神。

腊月有食腊八粥的食俗，却不是始于腊祭，而是东汉后受佛教的影响。因佛祖释迦牟尼在农历十二月初八悟道成佛，传说曾有好心的牧女用自己的午饭混合野果煮成粥救了他，后人为纪念佛祖，便在每年的农历腊月初八煮腊八粥。

腊八粥该用哪一些果子杂料，民间倒没定见。《燕京岁时记》一书所记的腊八粥食材有：黄米、白米、江米、小米、菱角米、栗子、红豇豆、去皮枣泥，合水煮熟，再加上染红桃仁、杏仁、瓜子、花生、榛穰、松子及白糖、红糖、琐琐葡萄。这样的腊八粥和今日常见的腊八粥并不太一样，我从小家里会煮的腊八粥用的是大小红豆、红枣、薏仁、葡萄干、莲子、桂圆、花生、松子、栗子等和糯米、冰糖合煮。

除了腊八粥，如今已逝的父亲，在八十多岁时还每年固定在腊月制腊八醋蒜，不管是在过年时配饺子吃或单独吃，都好吃极了，是我每年都会期待从父亲手中收到的家庭自制食品，如今只能在心里怀念父亲的腊八蒜了。

小寒时人体疾病会多出现在脾经，因此地处北方的人就不宜吃伤脾胃的食物，像北方人的腊八粥里就没有莲子与桂圆，即为此理。同时，小寒节气要补阴，因此可吃鹅肉来养阴，但有皮肤病的人却不宜。

小寒天气冷，天冷自然要小心血压上升的问题，可吃些降血压的食膳，如麻油拌菠菜、海带绿豆粥、白菜豆腐汤、银耳莲子汤、山楂梨丝等。

小寒节气民俗 ｜ 腊八节日

小寒节气中，最常遇到的民俗节日即农历十二月初八日的腊八，又称腊日。

腊八的风俗源起甚早，古代先民在年末以腊物祭祖先，称为腊祭。后来佛教称佛祖释迦牟尼在腊月初八因一位牧羊女用大米粥解其饥才得以修道成佛,从此佛门便在腊八日举行浴佛祭典,施粥济众。佛门不杀生,腊八粥是用八种不同的米、干果煮成的粥。

但中国民间一向神佛无差、道佛双修。我爸爸不是佛教徒,平日以拜祖先为主,但他也信观音菩萨,会为祖先做佛门法事,但也做道教的法会。他是什么神佛都宁可信其有,只要做了觉得对祖先(后来是比他早逝的妈妈)会心安的神佛仪式他都会做。

爸爸在腊八日一定会煮腊八粥,还会拿腊八粥祭祖。爸爸煮的腊八粥会放北方人不放的莲子和桂圆,这是南方食俗,但生长于南北交界的江苏北方的他,也受北方人在腊八做腊八蒜的影响。爸爸走了,我很怀念每年他用新蒜泡的腊八醋蒜,可以让我在冬至吃饺子时,一只水饺一瓣醋蒜,真美味啊!真思念爸爸的腊八蒜。

小寒节气餐桌 | 冬日围炉之乐

每到天冷，就会情不自禁地想起围炉之乐。记忆中最早体验的火炉烹食，是童年时爸爸准备的涮羊肉。颜色漂亮的紫铜炉，器形又那么优美，往餐桌上一放，就立即有华丽庄严之感。铜炉下方放着在户外烧得通红泛白的煤炭，炉中央的白色蒸汽向空中飘着，盆中的清水冒着鱼眼泡，桌上琳琅满目地摆着大白菜、大葱、羊肉片、冻豆腐、豆皮等。最让我欢喜的是丰富的调料，酱油、麻油、醋、糖水、芝麻酱、蒜末不说，还有平日不容易见着的韭菜酱、腐乳酱、虾油，可以调出奇特的滋味，用来蘸白水煮的各种食材都好吃。

围炉吃火锅有一种凝聚力，全家都专心地对着一样对象，仿佛是集体的念力一般，大家的兴奋喜悦之情是会互相感染的，往往也会愈吃愈开心，尤其在寒冷的日子里，围炉带来的温暖不只是身体的，更是精神的慰藉。

长大后在世界各地旅行，才发现不同的国度有不同的围炉之乐。冬天在日本时，最喜欢和亲密的朋友窝在四边铺着棉被的暖桌上吃寿喜烧，把蘸着蛋液的牛肉片放入甜滋滋的酱油锅底中一涮，和着白菜、大葱一块吃，最后再吃用肉汁烧得透味的豆腐，真是快乐无比。

围炉往往在私密的家中才能得其妙，因为身心均能放松，换在公共餐厅大庭广众间围炉，常常吃着吃着就吃累了，尤其和不够熟的人一起围炉更累，因为围炉最好懂得沉默之趣，安安静静专心吃，此时无声胜有声，闲杂人等一径寒暄交际最破坏滋味。

我曾经在下大雪的隆冬在韩国友人家的炕上围炉，一口喝真露，一边吃着铜盘烤肉。韩国人很会处理牛的不同部位的肉，听友人解说仿佛在听庖丁解牛。各式小菜更惊人，数数各类蔬食野菜泡菜竟然有三十六小碟，吃饱撑着往炕上一躺，才发现韩国人颇懂古罗马人在睡榻上吃大餐的享受。

西班牙北方也有冬日围炉。有一回到塞哥维亚的朋友的老家玩，才知道西班牙有一道用陶锅煮的冬日家常火锅，很像中国人的砂锅，里面用牛骨熬汤底，再放入陈年火腿和黑血肠、猪肉，再加入芜菁、卷心菜、马铃薯、洋葱、胡萝卜、大葱煮到熟软，这样的一道冬日锅物，每每成为异乡游子在冬天最怀念的安慰食物。马德里老城区中有家百年老店"Botin"就以卖这道锅物出名。这道食物也要围炉吃，马德里人只和够熟的朋友一块吃。

法国人有一道"波多福"（pot-au-feu），被喻为法国人的国民食物，平常餐厅是不卖的，因为这是标准的家庭食物。波多福也是锅物，做法和西班牙的陶锅很相似，蔬菜大抵相同，但法国人用的却是牛肉而非猪肉，还会放入大块的牛骨，煮透了用小汤匙吃膏状的牛骨髓最好吃，吃时可蘸芥末酱。

第一次听巴黎的朋友说着 pot-au-feu（好想吃），一直不得其意，后来和朋友返乡，和她的家人围炉吃波多福时，我就明白了朋友的话就等同于我在伦敦时常常喃喃地自语着"好想吃火锅哟"。不是在伦敦吃不到，其实我心中真正怀念的是和远在台湾的亲友们一起围炉。

小寒节气旅行 ｜ 寒冬温泉日

节气小寒一过，体内蛰伏的温泉虫就醒了过来，天母谷地清晨冬雾中飘荡着令人恍惚的硫黄气息，当时住在高楼的我只要一开窗，凛冽的风就勾引着我思念起全身泡在热温泉中的柔软状态。

寒冬泡温泉，绝对是人生一大乐事。尤其天气愈冷，温泉澡池内外温差愈大，整个澡池升起的白色雾气愈浓，更有幻境之感。

每到深冬，我的行程表中常常排满了温泉日。还好当时我住得离北投温泉乡不远，车程不过十来分钟，兴致一来就可出行。我常犹豫着要不要搬到台北市中心居住，每每都因不想离温泉地脉太远而不愿迁居，毕竟童年居住在温泉乡的生活习性，让我已经把泡澡当成日常生活仪式的一部分。

小时候，常常和外婆逛温泉澡堂，对早年的北投温泉旅馆，像沂水园、南国、泷乃汤、热海、梅月等都如数家珍。外婆喜欢比较不同的旅馆的温泉水质和澡池建材，从青磺、白磺、碳酸、铁泉的不同香气和味道，到火山岩、观音石、桧木澡池的不同触觉和感受，都是换地方洗温泉的行家乐趣。

如今我虽然已经交了不少的会费，加入了一家温泉旅馆当十年会员，但还是常常心有旁骛，只要看新的温泉旅馆开张，一定会去试试。这些年从春天、亚太、太平洋、水美到三二行馆，北投的温泉澡堂愈来愈高档，设备愈来愈奢华，只可惜温泉的香气却愈来愈少。从前洗过温泉的我，到第二天都可以闻到身上皮肤残余的温泉气味，那种在肉身上呼吸的温泉的幽微，如同情人的体味般深入灵魂，提醒着和温泉缠绵时的情境。

我记得童年时黄昏洗完温泉后，一整个晚上，我都会忍不住拉起自己领口嗅闻脖子间的温泉余味，闻着时都会有种欢喜。和闻自己身上的香水味很不同，香水不会给我一种从皮肤渗透出来的感觉，香水是"隔"的，隔开了肉体和灵魂，温泉却可以将肉体与灵魂相连。

我最喜欢洗过温泉的半夜，悠悠醒来时，闻到黑暗中自己身上飘忽的气息，在寂静中特别强烈，有一种和大地的生命气息互通之感，那样奥秘出神的体会，长大之后，再了不起的芳香疗法都及不上。

或许是我的皮肤已经老了,也许是知觉迟钝了,要不然怪罪现在的温泉品质不佳了,童年记忆中的温泉魔力已不再那么强大,常常洗完澡后不到几小时,就不太闻得出身上的隐约香气,在黑夜中被自己的气味催眠的经历也不再有了。

但泡温泉仍是必要的,如今人到中年,特别会在澡堂中观察自己和他人的一身皮囊。看到青春少女如凝脂般的肌肤,在热泉中染成绯红,就看到了自己的昔日,再看看老妪松弛的沙皮,也不得不看到自己的未来,温泉澡堂是顿悟肉身无常之所。

泡温泉,我喜欢大众池,可以看可以听,咖啡馆和大众澡堂,都是很奇异的空间,明明是公共的空间,当人一放松,又百无禁忌。咖啡馆和澡堂中可以听到的亲密和隐私的对谈,往往比电话窃听还听得多。

日本作家式亭三马的《浮世澡堂》中,记载了平日少言的日本人在澡堂中的高谈阔论、大放厥词。温泉之所以有精神的疗愈作用,也许正因此理,澡池比精神医生的躺椅更让人放松,当然也更便宜。

小寒节气诗词

《早发竹下》

［宋］范成大

结束晨装破小寒,跨鞍聊得散疲顽。

行冲薄薄轻轻雾,看放重重叠叠山。

碧穗吹烟当树直,绿纹溪水趁桥弯。

清禽百啭似迎客,正在有情无思间。

《窗前木芙蓉》

［宋］范成大

辛苦孤花破小寒,花心应似客心酸。

更凭青女留连得,未作愁红怨绿看。

《晓出古岩呈宗伟、子文》

［宋］范成大

晓风生小寒,岚润袁巾屦。

宿云埋树黑,奔溪转山怒。

东方动光彩,晃晃金钲吐。

千峰森隐现,一气澹回互。

平生癖幽讨,邂逅饱新遇。

那知尘满甑，晨炊午未具。
不愧忍饥面，来寻古岩路。
稻粱亦易谋，烟霞乃难痼。
持此慰龟肠，搜枯尚能句。

《马上口占三绝（之一）》
[宋]郑刚中

露浓红透棠梨叶，风紧落疏荞麦花。
马首渐东京洛近，小寒无用苦思家。

《送季平道中四绝（之一）》
[宋]郑刚中

霜风落叶小寒天，去客依依马不鞭。
我最平生苦离别，可能相送不凄然。

《夹得胡仲芳诗次韵》
[宋]项安世

天遣清明作小寒，人从赤壁上青山。
颇宜书更形骸外，赖有诗犹意气间。
一日水程无几住，百篇火急莫令悭。
杖藜径入渔樵去，从此因君得往还。

《小园独酌》
［宋］陆游

横林摇落微弄丹,深院萧条作小寒。
秋气已高殊可喜,老怀多感自无欢。
鹿初离母斑犹浅,橘乍经霜味尚酸。
小酌一卮幽兴足,岂须落佩与颓冠?

24 大寒

阳历1月19日—1月21日交节

大寒节气文化

每年阳历一月十九日至一月二十一日之间,太阳运行至黄经三百度时,是一年中的最后一个节气。二十四节气由立春始,大寒终,季节循环黄道一周,一年复始。

大寒被认为是一年中最寒冷的时日,会出现全年最低温,连长江流域都可能出现零下二十摄氏度的低温,也是冻土最深的时日。

大寒冻土，对农事是好的，因为蛰伏在泥土中冬眠的虫子若天气不够冷就冻不死，来年农作的虫害就多，农谚有"大寒不寒，人马不安"，即为此理。大寒时也不喜见雨雪，因为下雨下雪反而天气不冷，民间亦有"最喜大寒无雨雪，太平冬尽贺春来"之说。

大寒在《月令七十二候集解》中的三候现象为"鸡乳""征鸟厉疾""水泽腹坚"，也就是看到大寒就可以孵小鸡，而鹰隼之类的征鸟此时最强悍，在天空盘旋窥伺猎物，另外大寒时河流或湖泊的结冰状态最厚实，因此古人存冰，都取大寒的冰块保存以备夏用。

大寒天冷，懂民间疾苦的诗人自然会在此时担心饥冻之民，白居易的《村居苦寒》就是这样的诗：

八年十二月，五日雪纷纷。
竹柏皆冻死，况彼无衣民。
回观村闾间，十室八九贫。
北风利如剑，布絮不蔽身。
唯烧蒿棘火，愁坐夜待晨。
乃知大寒岁，农者尤苦辛。
顾我当此日，草堂深掩门。
褐裘覆纯被，坐卧有余温。
幸免饥冻苦，又无垄亩勤。
念彼深可愧，自问是何人。

此诗读来简单明快，却深击内心。"坐卧有余温"的诗人，想到"布絮不蔽身"的农民；"自问是何人"一句，不仅是诗人愧然，寒夜读此诗的我也顿觉愧然，也自问何德何能在此生此世不受饥寒之苦。

大寒是一年之终，会遇到岁末几个大日子。先是农历十二月十六日的尾牙。所谓做牙，指的是民间在农历初二和十六拜土地公，因此一年之中的头牙便在农历二月二日，尾牙在农历十二月十六日，一年扣掉正月不做牙，共做二十二个牙。台湾人至今在头牙、尾牙都有吃刈包的食俗，台湾北部人也会在尾牙吃润饼，但南部人却在清明才吃润饼。

除了做尾牙，大寒节气间还要祭灶。中国北方人在农历十二月二十三日祭祀灶神，闽南人则在农历十二月二十四日晚祭灶。祭灶的信仰起于人们相信家中的灶神是玉皇大帝派来人间查看人们平日善恶的，每年底要回天庭报告民情，为了怕自己被打小报告，因此要祭灶讨好灶神，同时还要用麦芽糖涂在灶神的嘴上让他不好言语（小时候祭灶的麦芽糖我最爱吃了）。

祭灶后，就要准备过年了，大扫除、蒸年糕、做年菜、写春联等等。到了农历十二月三十日这天下午，还得辞年，在门上贴新的门神像、桃符，有宗祠的人要开祠祭拜。到了三十夜则除夕祭祖，迎灶神、吃年夜饭，北方人的主食是饺子，为什么是饺子？寓意是交子，过了三十晚的子时，就要交新的一年了。

　　大寒天冷，但人们活动多，反而就不觉得那么冷了，再加上多吃多喝，也增加了身体的热量。

　　大寒节气补身可多吃补气的大枣、糯米、鸡肉，补血的猪肝、鸡肝、当归、桂圆，补阴的银耳、芝麻、黑豆、鸭肉，补阳的核桃、枸杞、羊肉、虾，每一种都不可多食，在一年之终，气血阴阳都要均衡补。

　　民间在大寒节气中吃的当归生姜羊肉汤、涮羊肉、八宝饭、年菜全家福是大寒补身的好食方。

　　大寒节气中，要特别小心血管紧缩、中风的问题，因此喝酒要特别节制，也不可吃太过度，尤其因油腻食物吃得多，更要多吃蔬果，这就是为什么年菜中总有长命菜（芥菜）、菜头（萝卜）、八宝菜等。此外，多吃应时应景的柑橘，对心血管尤佳。

大寒节气民俗　|　做尾牙原不关公家的事

　　即使跨过了二〇一二年，传统生肖的龙年也还未结束。当年的龙年上演的是全民挥刀大砍台湾当局的各种预算，对改善政府的债务赤字会有多少成效犹未可知。但政府总算有点儿痛到了,对此年的"屠龙记"想必痛心,于是自请降罪,自动宣布当年各单位为了节约开支不办尾牙了。

没想到消息一出,民间立即分成两派意见,有人觉得政府懂得主动省钱是好事,但也有人觉得政府此举打击每年尾牙的餐饮商机,令当年的寒冬更不好过,如何促进民间经济复苏?政府如今不得民心,动辄得咎,但凡事也不该全怪政府,至少公道来说,尾牙这件事,政府办不办和民间办不办是桥归桥、路归路的两码事。

话说从头,做牙本是民间自发的祭祀土地公拜财神的事,由于土地公以农历二月二日为神诞日,民间便以农历每月朔望的第二日,即初二和十六祭祀土地公,基本上都会准备三牲果物为供品。即使在现代都会中,市民还是会看到不少特别虔诚的商家,每月都会有两次在都市大马路旁的骑楼下摆上小神桌祭祀土地公。

商家如此敬奉土地公,当然是为了拜神求财,土地公代表的是地头财神,管理的就是在当地营利的商家,给的也是各商家各户之财,此财是私人民间之财,和公家财一点儿关系都没有。

一年有二十二次做牙拜土地公财神的机会(农历正月不做牙),由此可见民间求财心之渴切,其中又有两次大做牙,一是农历二月二日的做头牙,求的是未来一年土地公庇护生意兴隆家户发财;另一次则是农历十二月十六日的做尾牙,感谢土地公一年来的照顾。

感谢了神，也要感谢一起打拼的人，因此商家老板祭拜过土地公的三牲供品分给下属员工，就成了打牙祭的源起。台湾的民间风俗保留了不少古礼，像过农历三月初三上巳和做头牙、尾牙等，尤其做尾牙最为盛行。

本来台湾做尾牙是小店家、小商家、小工厂之事，专属工商业祭财神之民风，其他行业并不举行，后来却慢慢地延伸到各行各业甚至政府机构。习以为常后，大家也就只记得做尾牙可以打牙祭好好吃一顿，却忘记了做尾牙习俗的初衷，主要是谢财神，谢员工也是为了谢谢他们帮老板求财。

此次政府在龙年末突然来个困龙摆尾，宣告不办尾牙了，让我们有个机会回头来看看尾牙风俗的本意。

其实，做尾牙原不关公家的事，做牙拜土地财神求的是个人商号之财，是私财非公财，公家机构怎好求私人之财？

政府不是不能行古礼，但古代的公家是不会拜土地神做牙的，公家要求公家之财，拜的是社神。社神管区很大，管的是天地四方一国疆土。古代天子带着文武百官在春分秋分拜社神时也会做社祭，吃吃喝喝之余，心中要存着求天下百姓社稷之福，求国泰民安，民生乐利。

政府多年来是不是搞错风俗了，别再分不清公家与私家之财，也许从端正风俗、废除公家尾牙宴开始也不错。至于民间要不要做尾牙，本来就是民间之事，别牵拖政府当借口了。民间求自家财，政府求公家财，百姓兴旺，政府除弊，大家日子都好过。

大寒节气餐桌 ｜ 大寒吉祥年味

小时候过年是大日子，从农历十二月开始，就要开始准备各种年节的食物。我最喜欢和妈妈拿着家里的一袋米和一袋糖，过了大寒节气，到附近的农家去做年糕。四十几年前的时代，物资并不充裕，农家不可能囤积米糖，只想赚做年糕的手工钱。

当年农家会依据米糖送来的先后，定下做工的日子，顾客是否要来看工各凭己意。我可是非去看农家工作不可，并非怕偷工减料，而是做年糕的过程太好玩了。农家会先泡米，然后亲手用石磨磨出米浆，再用大石块把米浆压成粿粉，之后掺和黄砂糖制成圆形糕状，放进竹编大蒸笼去蒸出糖年糕。

农家只做这种最简易的浅黄色的硬硬的甜年糕，在没有冰箱的冬天，也可以放一个月以上。吃法更简单，直接切片用油煎到表皮焦内柔软就行了，再讲究些，也不过是裹上些蛋汁去煎，吃时加了蛋的香浓味，口感也比较滑润。

社会逐渐富裕了，街上出现各式各样的年糕，农家贴补家用做活儿的小年糕工坊也不见了。人们买着各色年糕，台式的红豆年糕、桂圆年糕，苏式的桂花年糕、芝麻年糕，除了甜年糕，还有咸年糕，台式的菜头粿、广式的萝卜糕，过年家家户户一定要有年糕吃，讨个年年高升的吉利。

除了年糕，早年家里一定会在腊月做腊味，后院檐下高挂着腌制好的腊肠、腊肉、腊鸭等，也不怕老鼠来，因为家附近的猫儿仰头盯着，守护这些腊味。不做腊味的人家，也会去传统市场买腊味，江浙式、粤式、台式、湘式，这四种腊味最受一般人的欢迎，年夜饭若没放一大盘腊味杂拼，既少了下酒的好料，更少了一种经年累月的生命厚味。吃腊味咀嚼的不只是食物，还有天地之气。

以往的年夜饭，一定是家里一年当中最丰盛的一顿家宴。父亲主厨的年夜饭一定是江浙年菜，都是有吉祥作用的，每年一定会重复的有"十样菜"（亦称什锦菜）。这道菜要将胡萝卜、豆干、香菇、黄豆芽、木耳、芹菜、韭黄等切成细丝，每样各自炒妥后混在一块儿，最适合当冷菜吃，吃时要洒乌醋、小麻油。十样菜寓意十全十美、十得十乐。还会有炸藕盒，两片藕中包肉馅裹蛋汁去炸酥，由于藕盒是两片包在一块，象征好事成双及阖（盒）家平安。还有蒜子红烧大黄鱼及烟熏大白鲳，而鱼一定不能吃光，要年年有余（鱼），还要留有余（鱼）地。吃鲳鱼也有吉祥意，对做生意的人尤其重要，象征来年事业昌隆又有余。当然红烧蹄髈也不可少，蹄髈代表元

（圆）肉，年夜饭吃了来年可圆圆满满。还要有一锅香菇栗子土鸡汤，鸡求吉、栗求利。

外婆是台南人，她主厨时做的就是台式年夜饭，一定会有乌鱼子夹白萝卜片，乌鱼子代表乌金（财），白萝卜闽南语叫菜头，代表彩头；还有卤猪脚，闽南人相信猪脚可驱灾除疫；还有干煎金目鲷，代表来年有金有木有绸，吃穿住都不愁钱（金）。此外，外婆还会白煮一块切得方方正正带皮的五花肉，说是"正肉"。小时候不明白，长大了才知道是代表阴历一月的正月之肉，也有寓意做人做事要方正。后来我从古籍中看到，在唐朝时，元旦人们会吃阴阳脔，即切成正方块的白肉，我那生于台南的外婆，她的父亲是历史学家，她是否知晓这个典故呢？另外，除夕夜外婆也一定会煮卤面，是拜天公用的，要先祭神才能吃。我们就是沾老天的口福才能吃隆重的卤面，卤面内菜式繁多，也都是象征富贵天恩之意。

守除夕夜的点心爸爸一定会熬红枣莲子甜汤，一红一白代表阴阳交合，枣子属阳补气，莲子属阴清心，吃下去可保一年身体阴阳和谐。外婆则会蒸米酒桂圆米糕，桂圆亦名福圆，吃了有福气又圆满，米糕求长高、高中、高升，孩子大人都有用，米酒则象征年寿长长久久。

这些带有吉祥意的年味，小时候听长辈说时，都觉有种八股老套之意，但等到自己年岁长了，世事看多了，才知道人生不容易，能够平安吉祥过每一个年是多么幸福的事，也才明白吉祥年菜带来的人心安慰。

小时候跟着长辈过年，等自己翅膀硬了的二十多岁之后，过年常常是在海外。有一阵子常去日本过年。日本原本传承中国民俗食俗甚多，本是研究中国古代风俗"礼失而求诸野"的好地方，但可惜日本明治天皇一心想脱亚入欧，硬是不伦不类也把中国阴阳合历的历法改成了阳历。虽然时令不对了，但习俗依然保留了下来，例如中国古代从南北朝到宋代，长江流域一代的人在阴历正月一日都会饮屠苏酒，如今日本人却在阳历的新年一月一日饮屠苏酒，还在屋前挂柏叶和桃枝，真有中国古风，只是日子不对了。

日本人在阳历新年吃素面的食俗，也是源自中国古代阴历正月吃索饼（面条），《东京梦华录》中也记载了正月里盐豉汤这种吃食。盐豉即豆豉，如日本京都大德寺的纳豆，今日京都人依然有新年食盐豉之风，缘由来自中国古代深信黄豆与红豆均有驱鬼除疫的作用。

我曾经在伦敦居住五年，西方过的是太阳年，阴历年除了唐人街会舞龙舞狮挂春联外，其他地方都看不到年景，但我都坚持要过阴历年，因此会邀外国朋友到家中包饺子。饺子是北方年节食俗，饺子有更岁交子之意，又因为形似小元宝，也有招财进宝之意。我还会照古风，选一只饺子放进去一枚洗干净的银钱，吃到这只饺子的人可以拿到一个红包。西方朋友对这个游戏都感到很开心。有个法国朋友告诉我，他们在太阳历新年时会吃国王饼，吃到饼中有小陶蚕豆的人，立即就可带上纸做的王冠，命令身边的亲朋好友为他做三件事，过过做国王的瘾。我说可见法国人爱权，中国人爱钱，红包比王冠实惠。

有时在异地过阴历年，像有一年在西班牙马德里过。还好我旅居之处是附有小厨房的寓所，我就在行李中预备了一些腊肠、乌鱼子、红豆年糕，在除夕夜请了西班牙朋友来吃腊肠饭、烤乌鱼子、炸红豆年糕，还告诉他们这些年节食品的吉祥意，朋友听了都很开心，因此吃得更津津有味。之后老友瑞美跟我说，她觉得吃每样东西都有故事听真好，而且这些又可口又有寓意的食物，可比西方医生们开的安慰剂有人味多了。

过年吃吉祥年味，也可当成是中国人一年一次心理食疗的大日子，吃年食盼好年，是古代平民的集体安慰，吉祥年味好食光，祝大家年年如意。

大寒节气旅行 ｜ 再晤奈良东大寺

想想都快十几年不曾重游奈良了，虽说每回到京都，人闲心闲时间也多，都有可能坐趟火车，即使是慢车，一小时也可以到奈良，但不知为什么，在京都愈闲，人也愈懒得动，天天在京都城内那些古寺、老铺打转，也就忘了奈良。

其实我对奈良的印象非常好，二十多年前还曾一个人在那儿住了一个多星期。"那么小的地方，你怎能住那么久？"有日本朋友不解地问我，因为他知道我在大阪待不到三天就嫌烦。

我一直喜欢奈良那种古都兼小镇的风情，下了近铁[①]奈良站，走路不到五分钟就到了奈良公园，整个园里都是不怕生的鹿群，睁着温柔无辜的灵眼望着你，再多走几步路就是美极了的东大寺，唐代风格的宏伟的木造建筑让人一看心就开阔了。

那年二月初在京都过冬，适逢天气最冷的大寒节气，某日晨起，拉开窗帘一看，满天鹅毛大雪飞舞，忽地想起十多年前在奈良遇大雪，突然就很想再看若草山被白雪遮盖的美景。

一下雪，心反而动了，走在积雪盈尺的街上，东本愿寺前银杏枯枝已成雪树冰花，这场雪来得又急又大，从昨夜下到今晨还意犹未尽。

京都去奈良，比台北去淡水还方便。从近铁奈良车站走出，一种强烈的怀旧之情扑面而来。沿途慢慢走向公园，发现奈良变得不多，真不容易，比起来京都一盖新车站后的市容变化反而更大。到了公园中，倒发现不少鹿都老了，从前好像没这么多老鹿，这些老鹿会是我十几年前抱过的小鹿吗？世事多变，能在今日与鹿相逢，也是人间难得的情缘了。

[①] 指近畿铁道，日本众多私铁的其中一家，运营范围在近畿地区。

进了东大寺，绕寺行走，看到了大佛身后的两尊护法，往前仔细观赏，才发现早年忽略了这身后的二尊，一尊是广目天，一尊是多闻天，而大佛左右亦有一如意轮观音，另一虚空藏菩萨。

原来我十几年没来，今日因大雪心动前来，就为与此相晤。今日我忽然悟得了道理，我佛慈悲，让世人向如意轮观音求人间圆满，但同时又不忘提醒我们别忘了虚空藏菩萨宣示的世事转头空。

真好，我如今立在生命中年，如意与虚空，都懂得了半分情了。

大寒节气诗词

《大寒步至东坡赠巢三》

［宋］苏轼

春雨如暗尘，春风吹倒人。

东坡数间屋，巢子与谁邻。

空床敛败絮，破灶郁生薪。

相对不言寒，哀哉知我贫。

我有一瓢酒，独饮良不仁。

未能颒我颊，聊复濡子唇。

故人千钟禄，驭吏醉吐茵。

那知我与子，坐作寒蛩呻。

努力莫怨天，我尔皆天民。

行看花柳动，共享无边春。

《元沙院》

［宋］曾巩

升山南下一峰高，上尽层轩未厌劳。

际海烟云常惨淡，大寒松竹更萧骚。

经台日永销香篆，谈席风生落麈毛。

我亦有心从自得，琉璃瓶水照秋毫。

《冬行买酒炭自随》

[宋]曾丰

大寒已过腊来时,万物那逃出入机。

木叶随风无顾藉,溪流落石有依归。

炎官后殿排霜气,玉友前驱挫雪威。

寄与来鸿不须怨,离乡作客未为非。

《大寒吟》

[宋]邵雍

旧雪未及消,新雪又拥户。

阶前冻银床,檐头冰钟乳。

清日无光辉,烈风正号怒。

人口各有舌,言语不能吐。

《和景仁喷玉潭》

[宋]司马光

昨朝景气如暑天,僮仆流汗衣裘单。

安知向晓暴风作,一变阳春成大寒。

此时结友寻名山,伶俜徒步水石间。

棘刺胃衣行路难,枯藤寿柏同攀援。

惊沙击眼百箭攒,时得闪烁窥林峦。

景仁年长力更孱,牵衣执手幸不颠。

仍闻旁谷有伏虎,赖得与君俱早还。

《大寒》

[宋] 陆游

大寒雪未消，闭户不能出。
可怜切云冠，局此容膝室。
吾车适已悬，吾驭久罢叱。
拂麈取一编，相对辄终日。
亡羊戒多岐，学道当致一。
信能宗阙里，百氏端可黜。
为山傥勿休，会见高崒崒。
颓龄虽已迫，孺子有美质。

《永乐沽酒》

[元] 方回

大寒岂可无杯酒，欲致多多恨未能。
楮币破悭捐一券，瓦壶绝少约三升。
村沽太薄全如水，冻面微温尚带冰。
爨仆篙工莫相讶，向来曾有肉如陵。

《用夹谷子括吴山晚眺韵十首(之一)》
[元] 方回

极目无穷六合宽,仰天如以浑仪观。

日躔箕斗逢长至,月宿奎娄届大寒。

肘后方多难却老,杯中物到莫留残。

来年七十身犹健,容膝归欤亦易安。